もくじ

啓林館版 わくわく　さんすう 1ねん　準拠

教科書の内容　ページ

教科書の内容　　ページ

1 かずと すうじ

／100てん

1 ●の かずを すうじで かきましょう。 1つ10〔50てん〕

①  

②  

③  

④   

⑤ 

2 かずを すうじで かきましょう。 1つ10〔50てん〕

① 

②  

③ 

④ 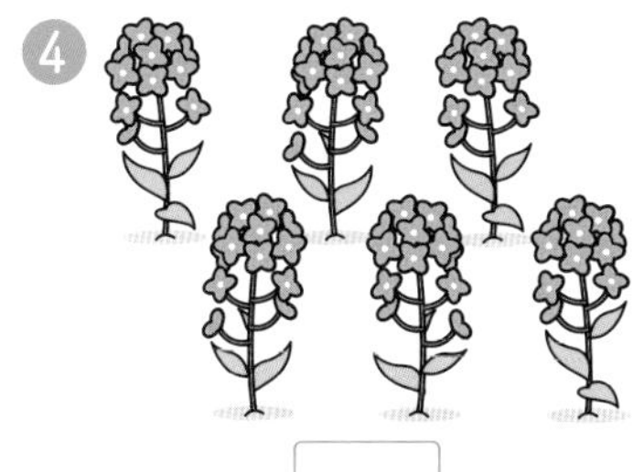

⑤ 

こたえは
65ページ

すたあと ぶっく
10〜19ページ

月 日

1 かずと すうじ

／100てん

1 おおい ほうに ◯(まる)を つけましょう。 1つ10〔60てん〕

① ②

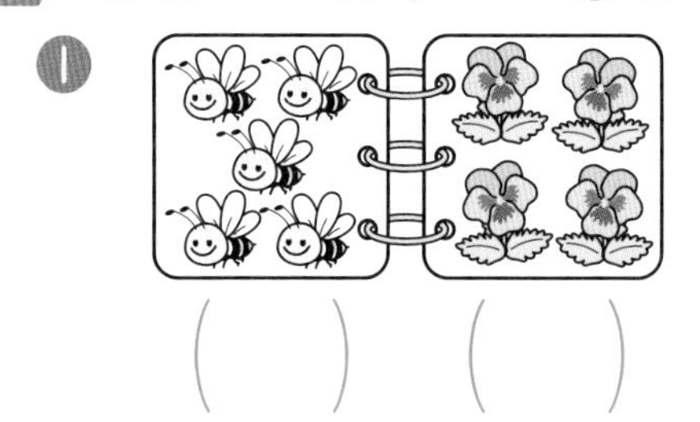

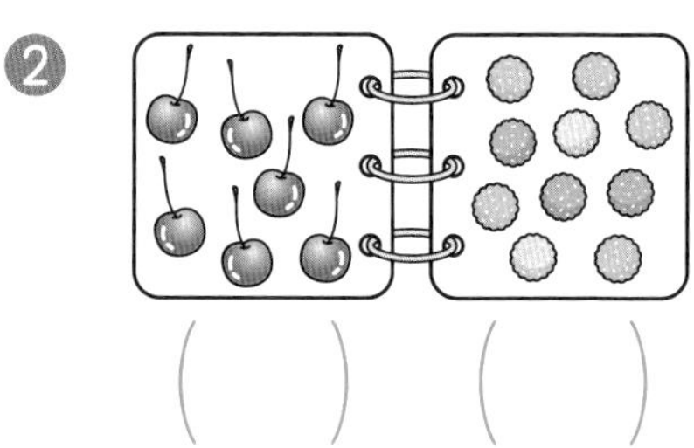

( ) ( ) ( ) ( )

③ ④

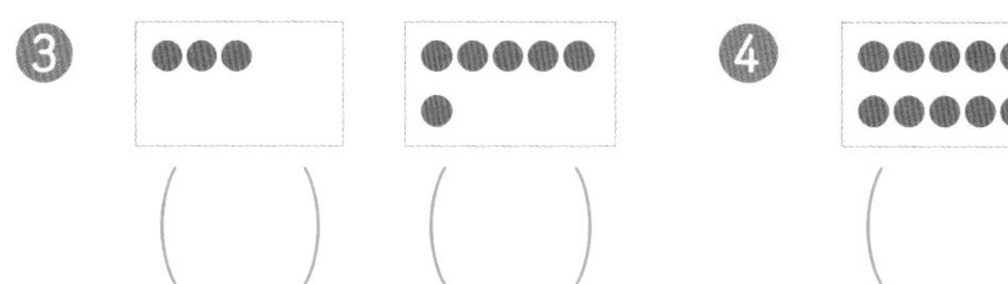

( ) ( ) ( ) ( )

⑤ ⑥

( ) ( ) ( ) ( )

2 □に はいる かずを かきましょう。 □1つ10〔40てん〕

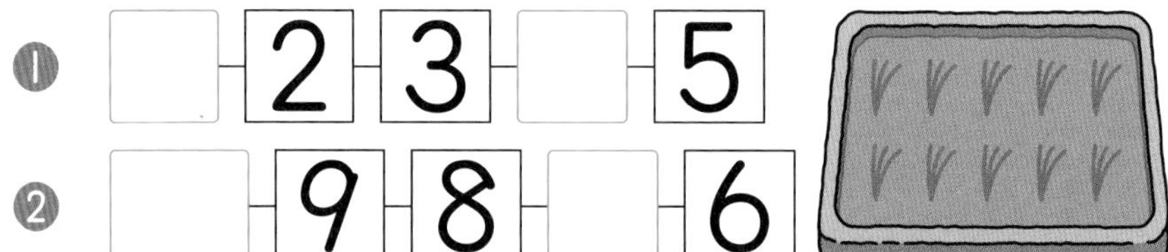

こたえは
65ページ

すたあと　ぶっく
20〜25ページ

月　　日

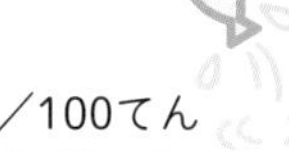

2　なんばんめ

／100てん

1 もんだいに　あわせて　かこみましょう。1つ20〔40てん〕

❶　まえから　5ひきめ

（まえ）　（うしろ）

❷　まえから　3びき

（まえ）　（うしろ）

2 えを　みて　こたえましょう。1つ20〔60てん〕

❶　うさぎは　うえから
なんばんめですか。

□ばんめ

❷　ねこは　したから
なんばんめですか。

□ばんめ

❸　うえから　4ばんめの
どうぶつは　したから
なんばんめですか。

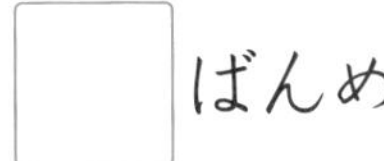

□ばんめ

こたえは
65ページ

すたあと ぶっく
20〜25ページ

月　　日

2 なんばんめ

／100てん

1 もんだいに あわせて かこみましょう。1つ20〔40てん〕

① ひだりから 6ぴきめ

（ひだり）  （みぎ）

② ひだりから 4ひき

（ひだり）  （みぎ）

2 えを みて こたえましょう。□1つ20〔60てん〕

① ばすは うしろから □ ばんめです。

（まえ）  （うしろ）

② りんごが 5こ はいった かごは、みぎから □ ばんめです。

りんごが 3こ はいった かごは、□ から 4ばんめです。

（ひだり）       （みぎ）

こたえは
65ページ

月　　　日

3　いくつと　いくつ

／100てん

1 6は　いくつと　いくつですか。

1つ10〔40てん〕

① 

② 

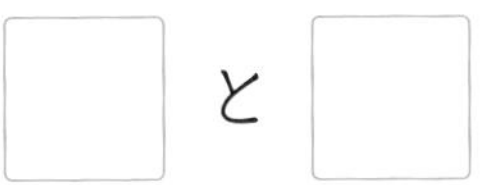

③ 

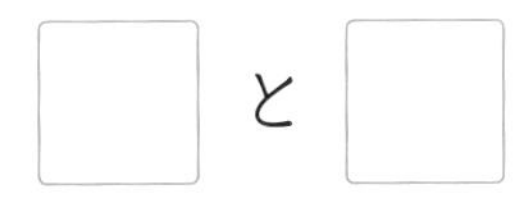

④ 

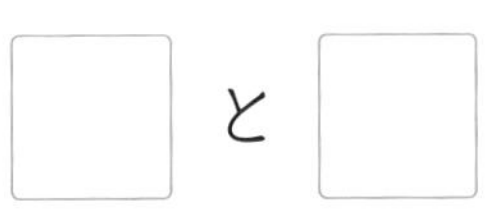

2 10に　なるように　うえと　したを　せんで　むすびましょう。

1つ15〔60てん〕

① 

② 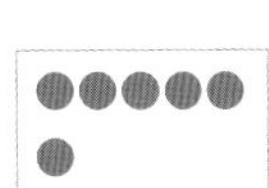

③ 

④ 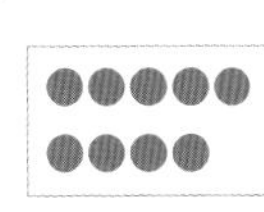

あ 

い 

う 

え 

こたえは
65ページ

すたあと　ぶっく
26〜39ページ

月　　日

3 いくつと いくつ

／100てん

1 おはじきが □の かずだけ あります。てで かくして いるのは いくつですか。 1つ10〔30てん〕

① 5　② 6　③ 7

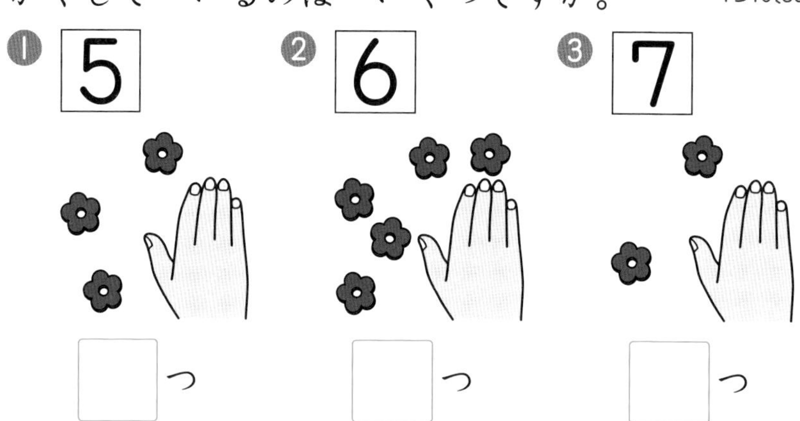

□つ　□つ　□つ

2 □に はいる かずを かきましょう。 □1つ10〔60てん〕

① 5は 2と □、1と □

② 9は 8と □、4と □

③ 8は 4と □、7と □

3 ちゅうりっぷの かずを かきましょう。 ①②1つ3③4〔10てん〕

① ② ③

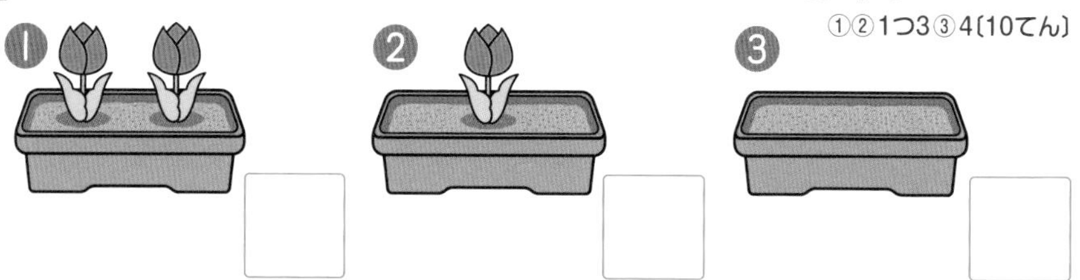

□　□　□

こたえは 65ページ

すたあと ぶっく 40〜47ページ

月 日

4 いろいろな かたち

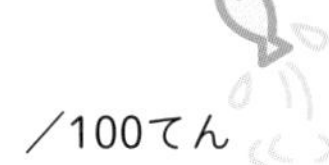

／100てん

1 ❶〜❻は、したの Ⓐあ〜Ⓤうの どの かたちの なかまですか。きごうを かきましょう。 1つ15〔90てん〕

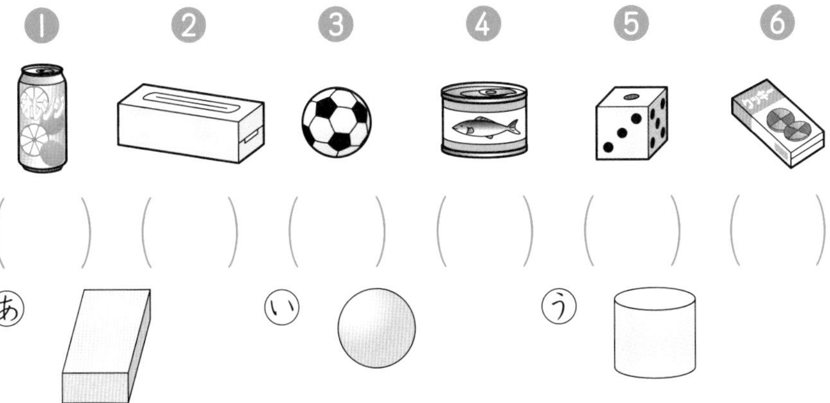

2 みぎのような たわあを つくるには、どの かたちの つみきを つかいますか。 〔10てん〕

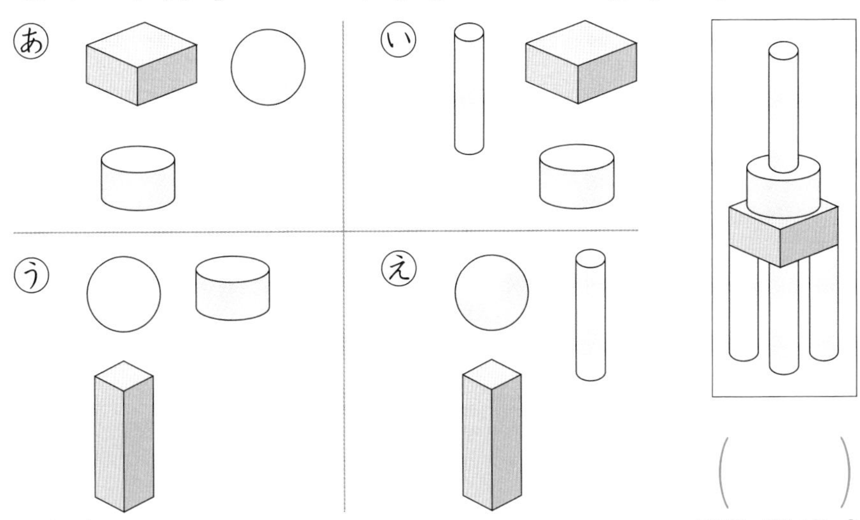

こたえは 65ページ

すたあと　ぶっく
40～47ページ

月　　日

4　いろいろな　かたち

／100てん

1 みぎの　じゅうすの　かんは、ころがります。①～④の　なかで　ころがる　かたちに　ぜんぶ　◯（まる）を　つけましょう。

〔20てん〕

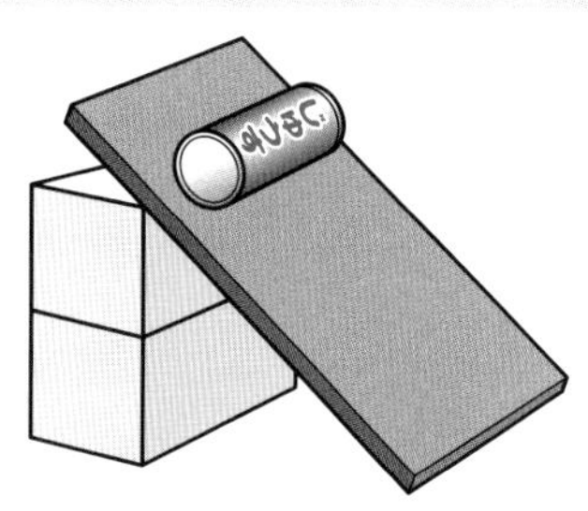

① 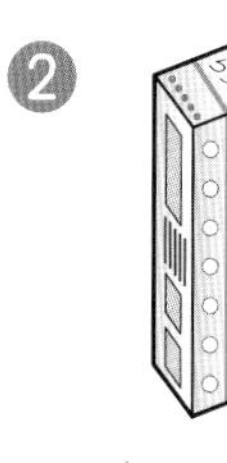

② 

③ 

④ 

（　）（　）（　）（　）

2 みぎの　えの　①～④は、どの　つみきの　かたちを　うつして　かきましたか。つかった　つみきの　きごうを　かきましょう。

1つ20〔80てん〕

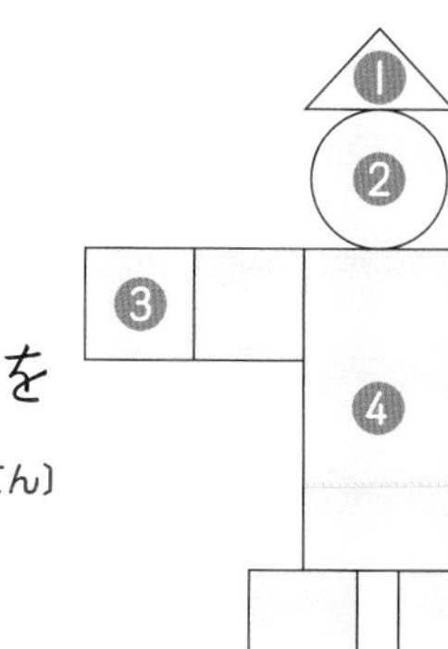

① （　）② （　）③ （　）④ （　）

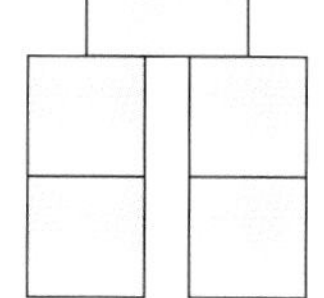

㋐ 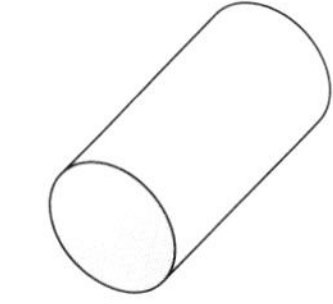

㋑  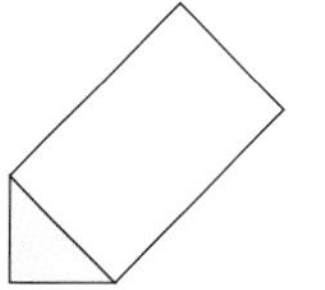

㋒  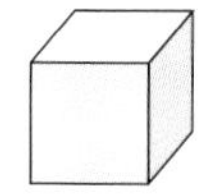

こたえは
65ページ

月　日

5 ふえたり へったり

／100てん

1 かずが ふえた ものに ○(まる)を つけましょう。

1つ25〔50てん〕

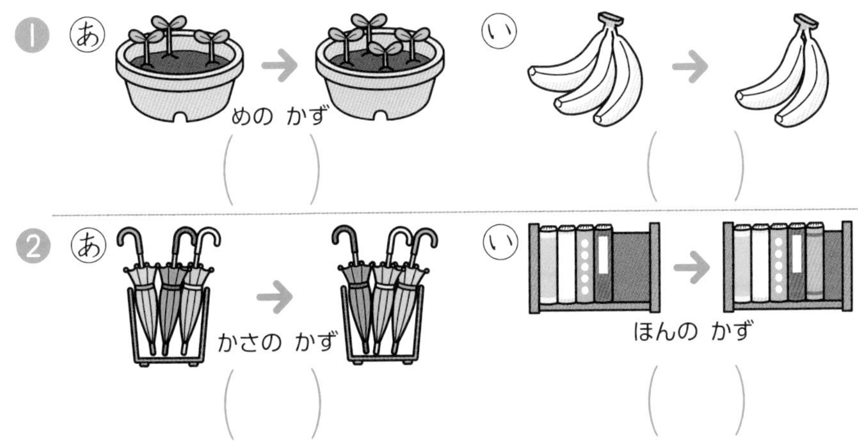

2 かずが へった ものに ○を つけましょう。

1つ25〔50てん〕

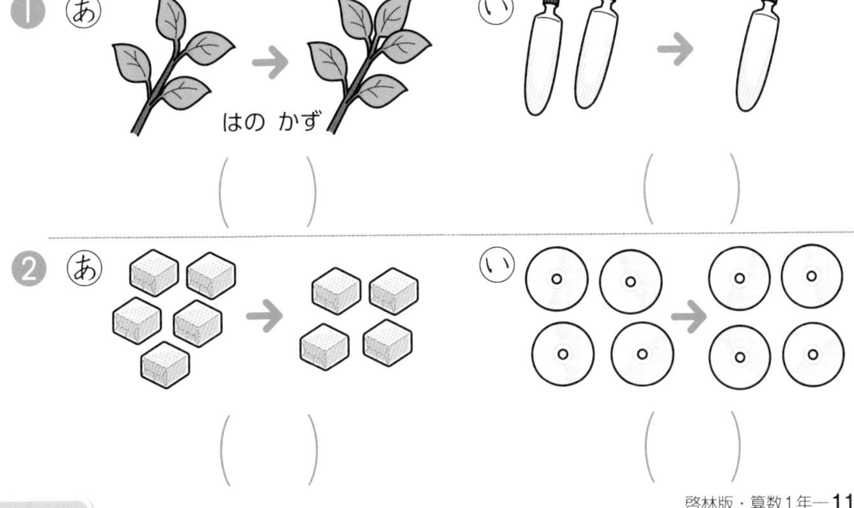

こたえは 66ページ

かくにん 5

月　日

10ぷん

5　ふえたり　へったり

／100てん

1 □に　はいる　かずを　かきましょう。　1つ25〔50てん〕

① □ひき　おりました。

② □ひき　のりました。

2 □に　はいる　かずを　かきましょう。　1つ25〔50てん〕

① ふえた　かず

あ　い

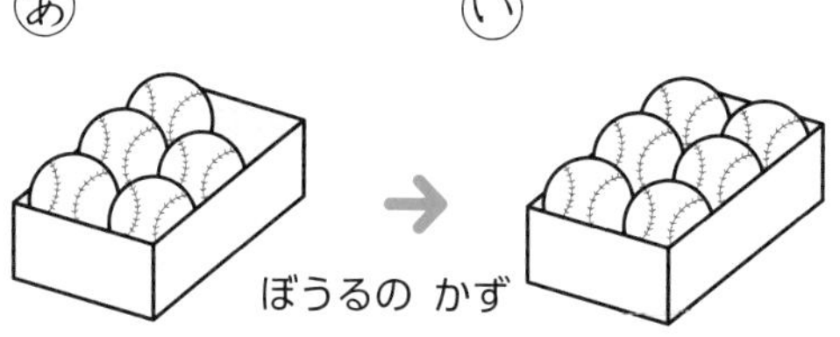

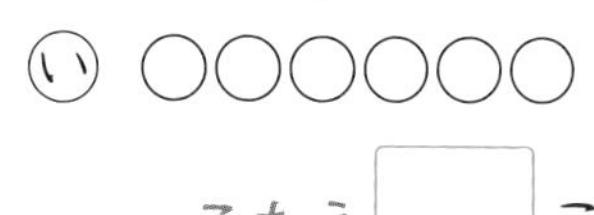

あ ○○○○○

↓

い ○○○○○○○

こたえ □こ

② へった　かず

あ　い

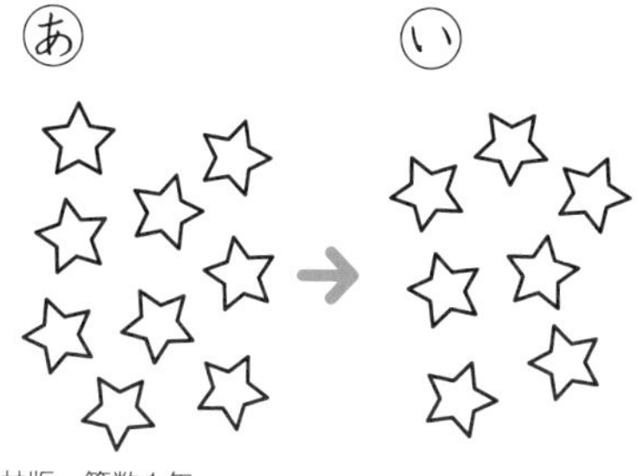

あ ☆☆☆☆☆☆☆☆☆

↓

い ☆☆☆☆☆☆☆

こたえ □こ

こたえは 66ページ

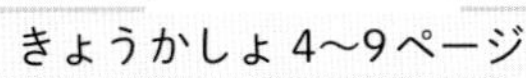
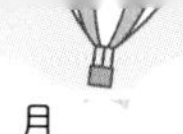

月　日

6　たしざん (1) ①

／100てん

1 あわせて　いくつですか。　1つ20〔60てん〕

① 4ひき　1ぴき

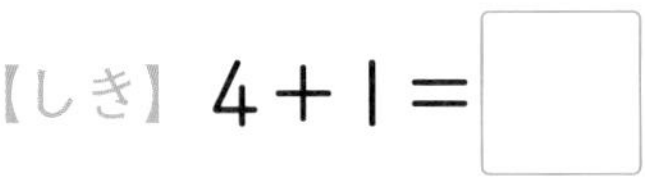

【しき】 4＋1＝□

こたえ □ ひき

② 2ひき　2ひき

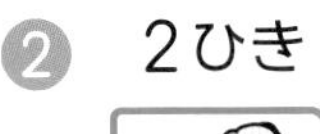

【しき】 2＋□＝□

こたえ □ ひき

③ 1だい　3だい

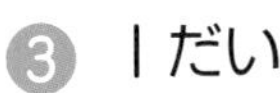

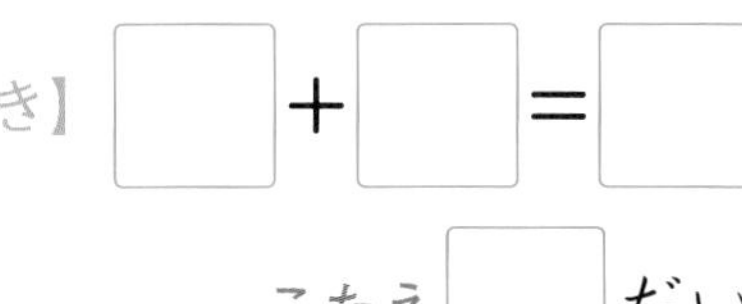

【しき】 □＋□＝□

こたえ □ だい

2 ふえると　いくつですか。　1つ20〔40てん〕

① 5わ　います。　2わ　きました。

【しき】 5＋□＝□

こたえ □ わ

② 3こ　あります。　3こ　ふえました。

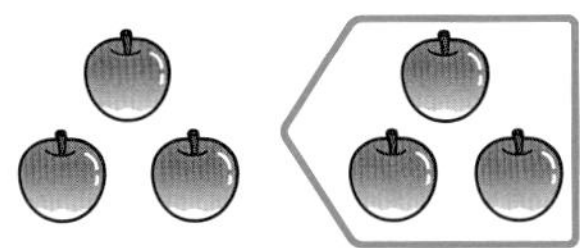

【しき】 □＋□＝□

こたえ □ こ

こたえは 66ページ

月　　日

6 たしざん(1) ①

／100てん

1 ぜんぶで　なんびきですか。 〔10てん〕

3びき　　4ひき

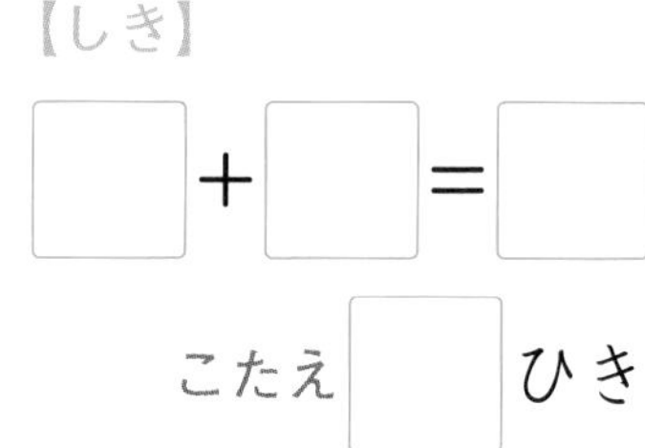

【しき】

□ ＋ □ ＝ □

こたえ □ ひき

2 ぜんぶで　なんだいですか。 〔10てん〕

8だい
あります。

2だい
きました。

【しき】 □ ＝ □ 　こたえ □ だい

3 たしざんを　しましょう。 1つ10〔80てん〕

❶ 1＋5　❷ 7＋2　❸ 4＋4

❹ 3＋2　❺ 1＋1　❻ 6＋3

❼ 4＋2　❽ 3＋7

こたえは
66ページ

6 たしざん (1) ②

／100てん

1 あわせて　いくつですか。　1つ20〔60てん〕

① 5こ　2こ

【しき】 □ ＋ □ ＝ □

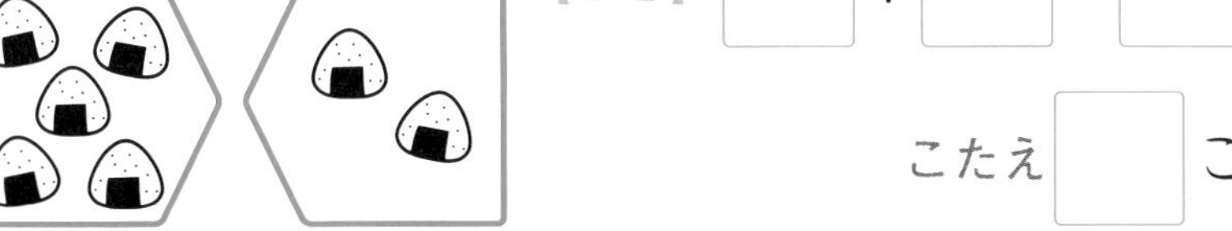

こたえ □ こ

② 2こ　4こ

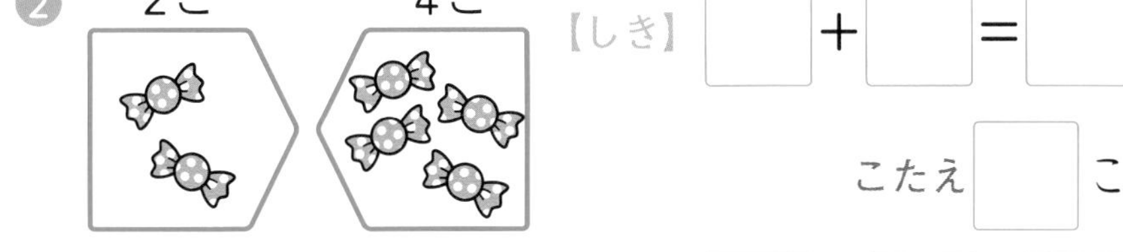

【しき】 □ ＋ □ ＝ □

こたえ □ こ

③ 4こ　1こ

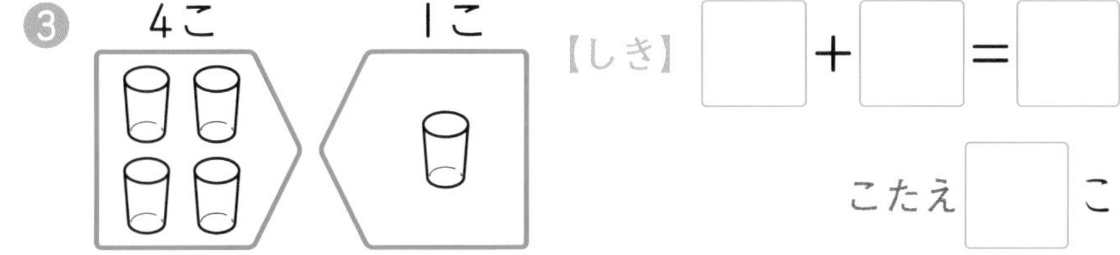

【しき】 □ ＋ □ ＝ □

こたえ □ こ

2 たしざんの　しきと　こたえの　かあどを、
せんで　むすびましょう。　1つ10〔40てん〕

① 3＋3　② 3＋6　③ 2＋5　④ 8＋2

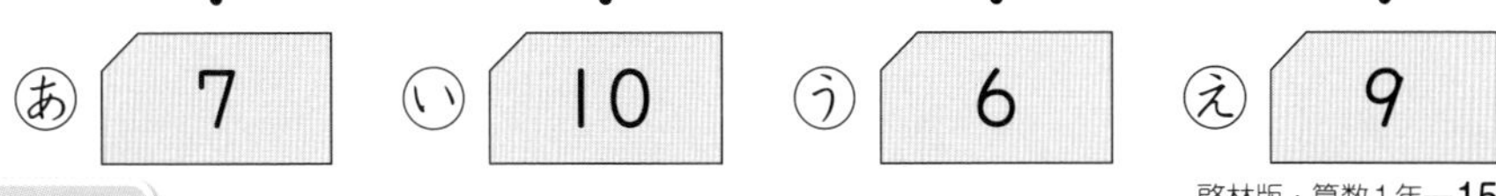

㋐ 7　㋑ 10　㋒ 6　㋓ 9

こたえは 66ページ

月　　日

6 たしざん(1) ②

／100てん

1 ぺんぎんが　4わ　います。
あとから　4わ　やって　きました。
ぜんぶで　なんわに　なりましたか。〔20てん〕

【しき】 □ ＋ □ ＝ □

こたえ □ わ

2 うえと　したで　こたえが　おなじに　なる
かあどを、せんで　むすびましょう。 1つ5〔20てん〕

❶ 4＋3　❷ 1＋9　❸ 2＋6　❹ 4＋5

㋐ 6＋2　㋑ 3＋4　㋒ 1＋8　㋓ 3＋7

3 たしざんを　しましょう。 1つ10〔60てん〕

❶ 1＋6　❷ 3＋5　❸ 6＋4

❹ 8＋1　❺ 2＋7　❻ 7＋3

こたえは
66ページ

月　　日

7　ひきざん(1) ①

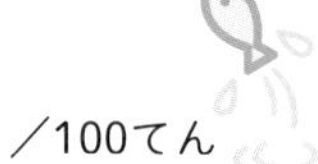

／100てん

1 のこりは　いくつに　なりますか。　1つ20〔40てん〕

① はじめに　5こ → 1こ　とんで　いくと

のこりは □ こ

② はじめに　5こ → 3こ　たべると

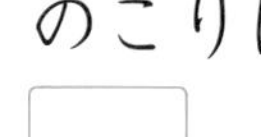

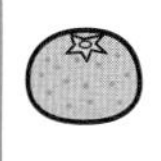

のこりは □ こ

2 のこりは　いくつに　なりますか。　1つ20〔60てん〕

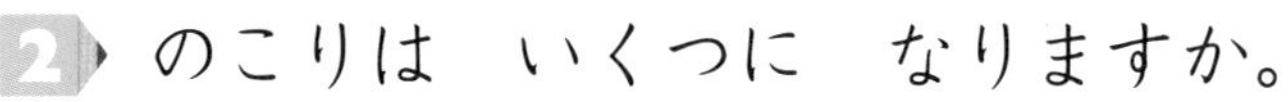

① はじめに　3びき

【しき】 3－2＝□

こたえ □ ぴき

② はじめに　6だい

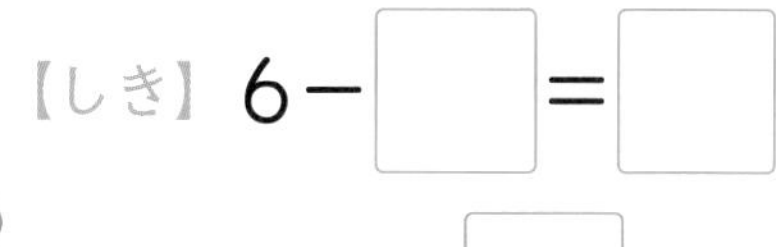

【しき】 6－□＝□

こたえ □ だい

③ はじめに　4ほん

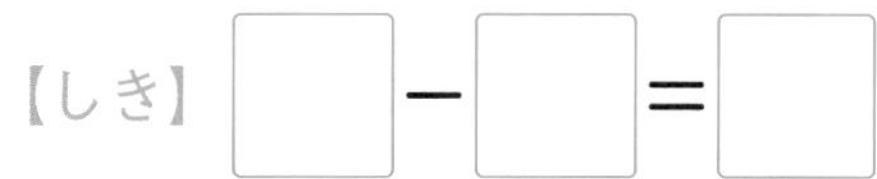

【しき】 □－□＝□

こたえ □ ぼん

こたえは 66ページ

月　　日

7　ひきざん(1)①

／100てん

1 はとが　9わ　います。5わ　とんで　いくと、のこりは　なんわに　なりますか。〔10てん〕

【しき】　□ ＝ □　　こたえ □ わ

2 はなが　10ぽん　あります。あかい　はなは　5ほんです。しろい　はなは　なんぼんですか。〔10てん〕

【しき】　□ ＝ □　　こたえ □ ほん

3 ひきざんを　しましょう。1つ10〔80てん〕

❶ 2－1　❷ 6－3　❸ 8－4

❹ 10－4　❺ 5－2　❻ 7－2

❼ 4－3　❽ 3－1

こたえは
66ページ

7 ひきざん(1) ②

／100てん

1 かずの　ちがいは　いくつですか。　1つ20〔60てん〕

① 3こ　あります。　2こ　あります。

【しき】□－□＝□

こたえ □ こ

② 3だい　あります。　4だい　あります。

【しき】□－□＝□

こたえ □ だい

③ 5ひき　います。　3びき　います。

【しき】□－□＝□

こたえ □ ひき

2 あめの　ほうが　なんこ　おおいですか。　〔20てん〕

【しき】□－□＝□

こたえ □ こ

3 どうなつと　はんばあがあの　かずの　ちがいは　いくつですか。　〔20てん〕

【しき】□－□＝□

こたえ □ こ

こたえは 66ページ

月　　日

7 ひきざん(1) ②

／100てん

1 すぷうんは　なんぼん　たりないでしょうか。〔20てん〕

【しき】 □ ＝ □　　こたえ □ ほん

2 やぎが　3びき、ひつじが　8ひき　います。ひつじの　ほうが　なんびき　おおいですか。〔20てん〕

【しき】 □ ＝ □　　こたえ □ ひき

3 こうていで　1ねんせいが　6にん、2ねんせいが　10にん　あそんで　います。どちらが　なんにん　おおいですか。〔20てん〕

【しき】 □ ＝ □

こたえ □ が □ にん　おおい。

4 こたえが □の　なかの　かずに　なる　しきを　あ〜えから　えらび、ぜんぶ　かきましょう。1つ20〔40てん〕

① 1 (　　　　)　② 2 (　　　　)

あ 7−6　い 10−8　う 8−6　え 9−8

こたえは 66ページ

月　　日

8　かずしらべ

／100てん

1 かずを　せいりして　くらべます。
それぞれの　かずだけ　いろを　ぬりましょう。

1つ20〔100てん〕

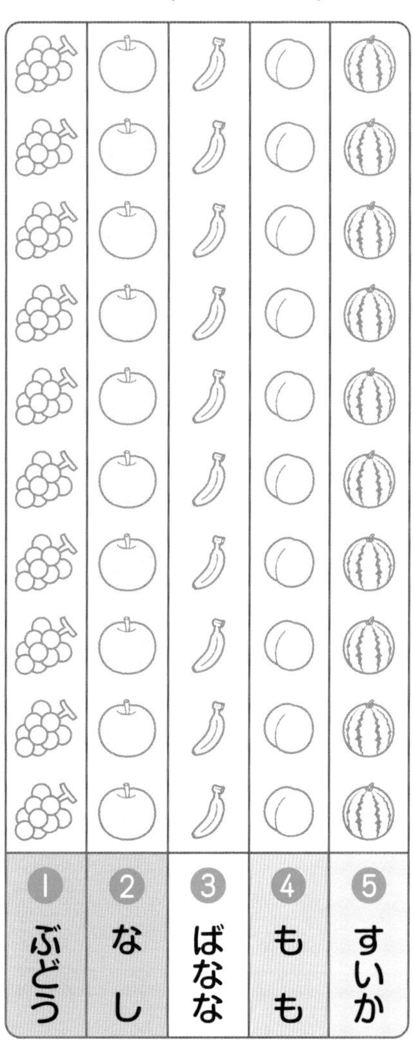

こたえは
67ページ

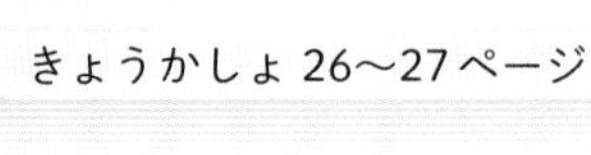

月　　日

8 かずしらべ

／100てん

1 いろを　ぬった　ものを　みて、わかった ことを　こたえましょう。 1つ25〔100てん〕

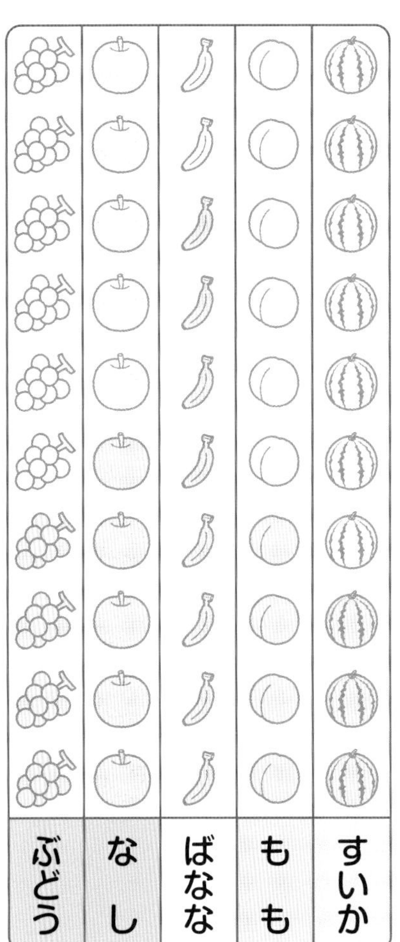

① いちばん　おおい ものは　どれですか。

(　　　　　)

② いちばん　すくない ものは　どれですか。

(　　　　　)

③ ももは　いくつですか。

(　　　　　)

④ おなじ　かずの　ものは どれと　どれですか。

(　　　　　)と(　　　　　)

こたえは 67ページ

9　10より　おおきい　かず ①

／100てん

1 かずを　すうじで　かきましょう。　1つ10〔40てん〕

①
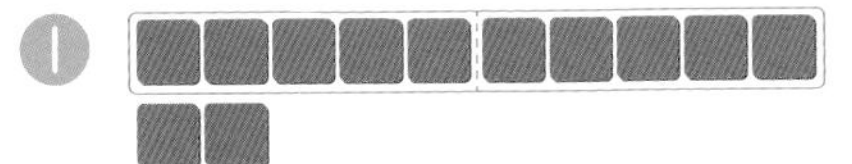

10と　2で □

②

10と　4で □

③

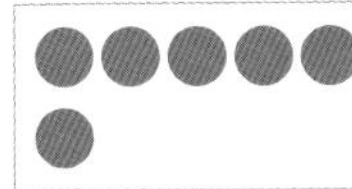

□

④

□

2 かぞえましょう。　1つ15〔30てん〕

①
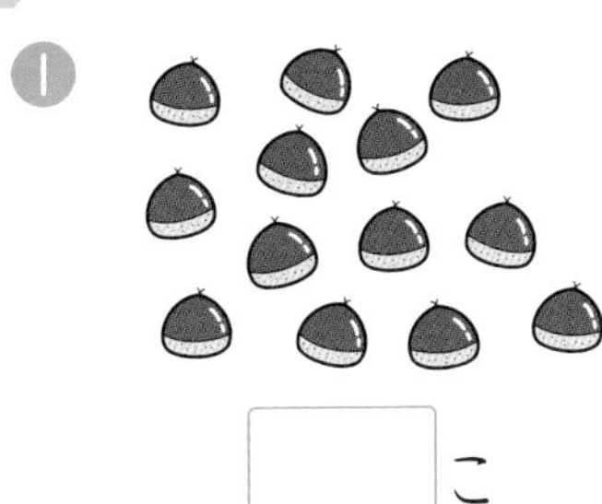

□ こ

②
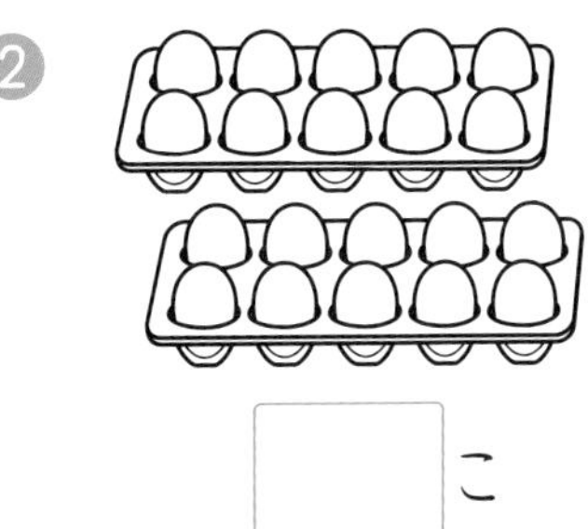

□ こ

3 ㋐、㋑で　どちらが　おおきいですか。　1つ10〔30てん〕

① ㋐ 9　㋑ 11　（　　）

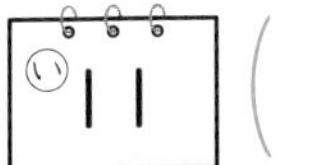

② ㋐ 18　㋑ 16　（　　）

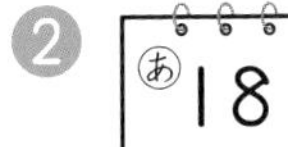

③ ㋐ 20　㋑ 15　（　　）

こたえは 67ページ

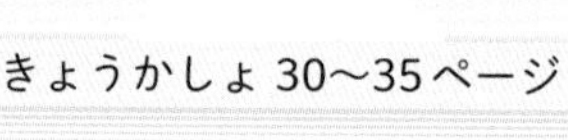

月　　日

9　10より　おおきい　かず ①

1つ10〔20てん〕

❶ 

 こ

❷ 

 ほん

2 □に　はいる　かずを　かきましょう。　1つ10〔40てん〕

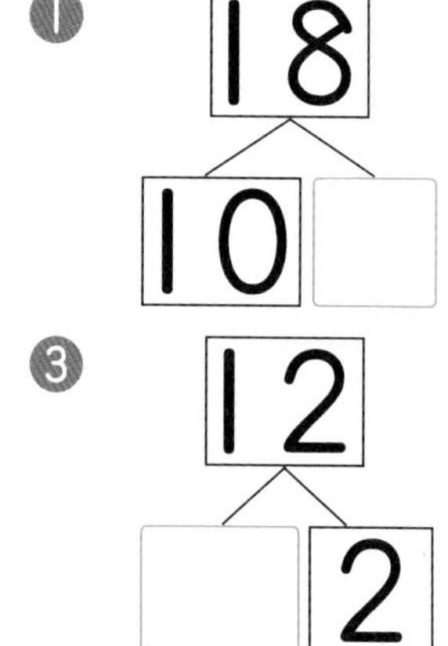

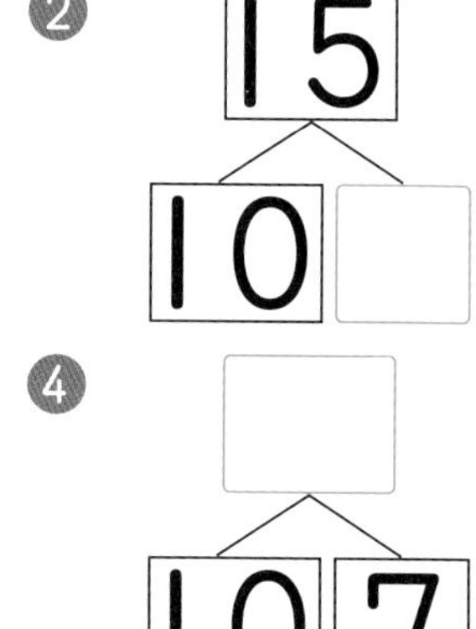

3 □に　はいる　かずを　かきましょう。　1つ10〔40てん〕

❶ 10と　3で　□　　❷ 10と　10で　□

❸ 14は　10と　　　❹ 16は　□　と　6

こたえは
67ページ

9　10より　おおきい　かず ②

／100てん

1 かずの　せんを　みて、つぎの　かずを　かきましょう。　1つ10〔30てん〕

0 1 2 3 4 5 6 7 8 9 10 11 12 13 14 15 16 17 18 19 20

❶ 11より　3　おおきい　かず　□

❷ 16より　4　おおきい　かず　□

❸ 17より　2　ちいさい　かず　□

2 □に　はいる　かずを　かきましょう。　1つ10〔40てん〕

❶ 11－12－□

❷ 16－□－18

❸ 17－□－15

❹ 20－□－18

3 □に　はいる　かずを　かきましょう。　1つ10〔30てん〕

❶ □　❷ □　❸ □

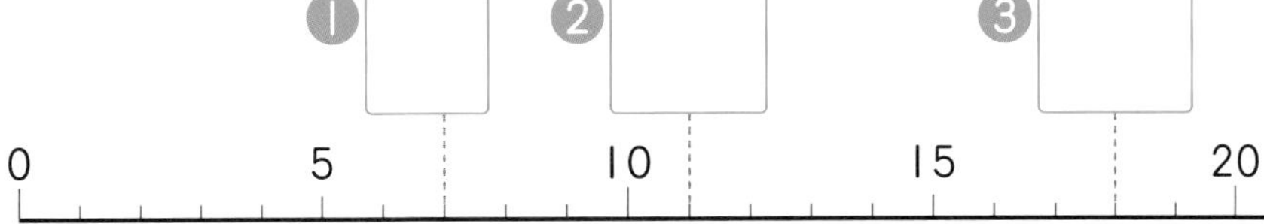

こたえは 67ページ

きょうかしょ 36〜37ページ

月　日

9　10より　おおきい　かず ②

／100てん

1 □に　はいる　かずを　かきましょう。　1つ10〔40てん〕

0 1 2 3 4 5 6 7 8 9 10 11 12 13 14 15 16 17 18 19 20

❶ □は　13より　4　おおきい　かず

❷ □は　19より　7　ちいさい　かず

❸ 18は　15より　□　おおきい　かず

❹ 14は　16より　□　ちいさい　かず

2 □に　はいる　かずを　かきましょう。　1つ10〔20てん〕

❶ □—19—18—17—16—□

❷ 10—12—14—□—□—20

3 □に　はいる　かずを　かきましょう。　1つ10〔40てん〕

❶ □　❷ □　❸ □　❹ □

10　15　20

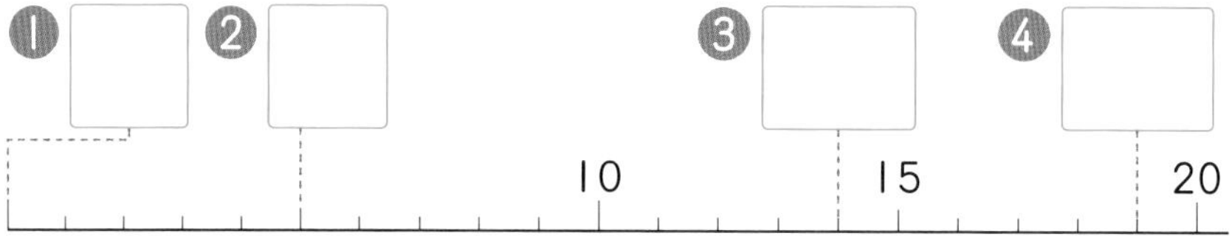

こたえは
67ページ

きほん 13

月　日

10ぷん

9　10より　おおきい　かず ③

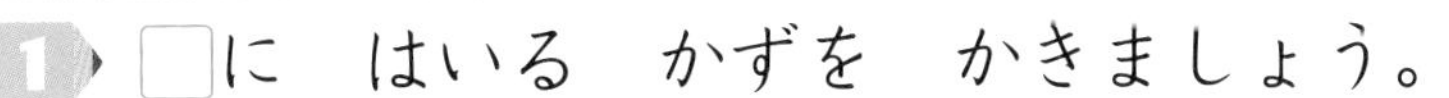

／100てん

1 □に　はいる　かずを　かきましょう。 1つ5〔10てん〕

❶ 10に　7を　たした　かず

10＋7＝□

❷ 17から　7を　ひいた　かず

17－7＝□

2 けいさんを　しましょう。 1つ10〔80てん〕

❶ 10＋2　　❷ 10＋6

❸ 10＋1　　❹ 10＋5

❺ 13－3　　❻ 18－8

❼ 14－4　　❽ 19－9

3 ばななが　12ほん　あります。2ほん　たべると、なんぼん　のこりますか。 〔10てん〕

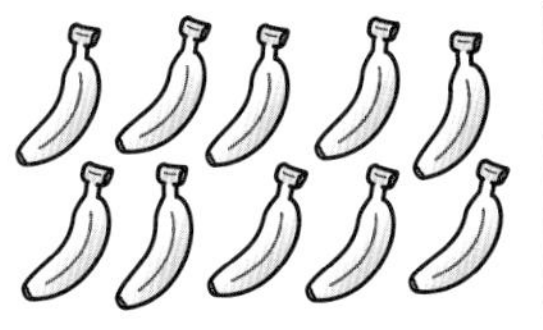

【しき】

こたえ □ ぽん

こたえは 67ページ

月　　日

9　10より　おおきい　かず ③

／100てん

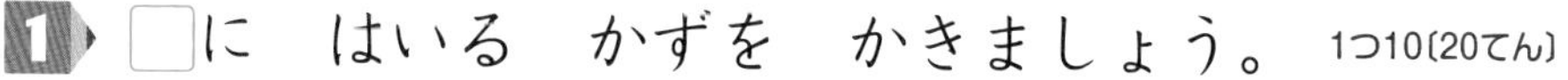

1 □に　はいる　かずを　かきましょう。　1つ10〔20てん〕

❶ 17に　2を　たした　かず

17＋2＝□

❷ 19から　5を　ひいた　かず

19－5＝□

2 けいさんを　しましょう。　1つ5〔40てん〕

❶ 12＋5　　❷ 16＋3

❸ 11＋4　　❹ 18＋1

❺ 14－2　　❻ 18－3

❼ 19－4　　❽ 15－1

3 うえと　したで　こたえが　おなじに　なる
かあどを、せんで　むすびましょう。　1つ10〔40てん〕

❶ 11＋8　　❷ 15－2　　❸ 19－3　　❹ 12＋2

㋐ 17－3　　㋑ 18－2　　㋒ 13＋6　　㋓ 11＋2

こたえは
68ページ

10　なんじ　なんじはん

／100てん

1 とけいを　よみましょう。　①10②③1つ15〔40てん〕

①

（　　　　　）

②

（　　　　　）

③

（　　　　　）

2 （　）に　きごうを　かきましょう。　1つ20〔60てん〕

① 10じはんの
とけいは（　　）です。
あ 
い 

② 5じはんの
とけいは（　　）です。
あ 
い 

③ 2じはんの
とけいは（　　）です。
あ 
い 

こたえは 68ページ

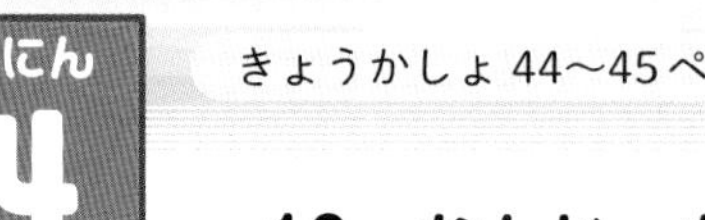

かくにん 14

きょうかしょ 44〜45ページ

月　日

10ぷん

10　なんじ　なんじはん

／100てん

1 とけいを　よみましょう。

1つ10〔40てん〕

① （　　　）

② （　　　）

③ （　　　）

④ （　　　）

2 ながい　はりを　かきましょう。

1つ15〔60てん〕

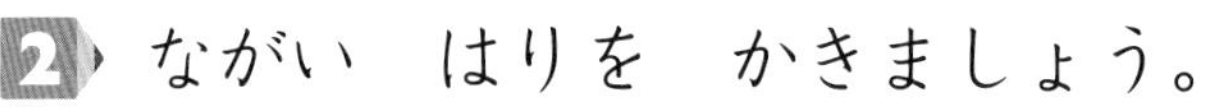

① 6じ

② 1じ　はん

③ 3じ

④ 4じ　はん

こたえは 68ページ

11　おおきさくらべ(1)

／100てん

1 どちらが　ながいですか。　1つ15〔30てん〕

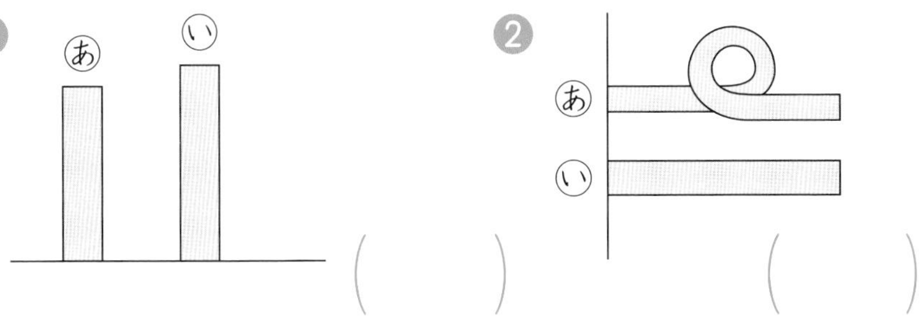

（　　）　（　　）

2 たてと　よこでは　どちらが　ながいですか。　1つ15〔30てん〕

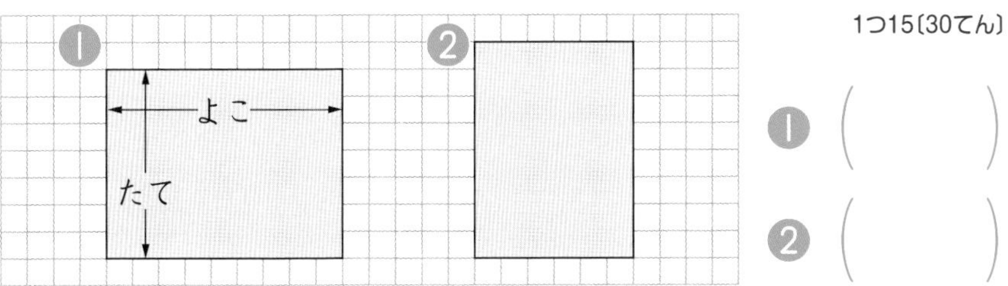

① （　　）
② （　　）

3 どちらが　おおく　はいりますか。　1つ20〔40てん〕

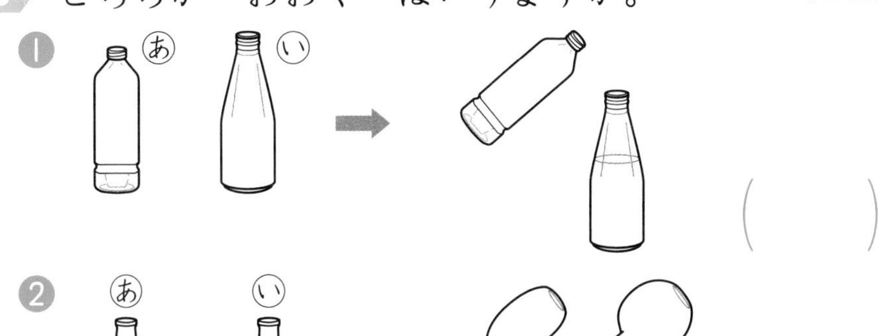

（　　）

（　　）

こたえは
68ページ

きょうかしょ 46〜53ページ　　月　　日

11　おおきさくらべ(1)

／100てん

1 えを　みて　こたえましょう。　①□1つ20②20〔80てん〕

① ㋐〜㋒は　□の　いくつぶんの　ながさですか。

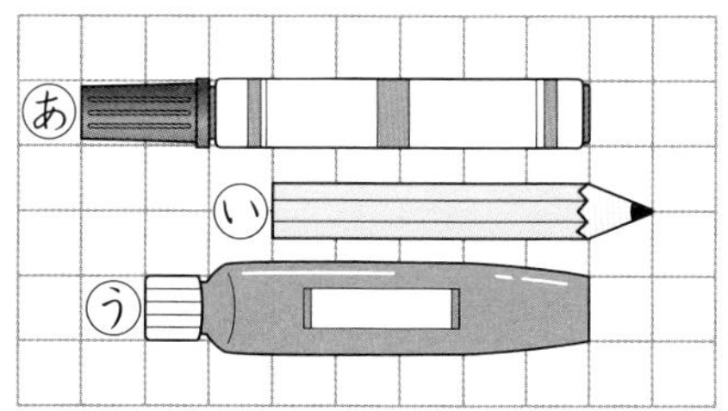

㋐ □つぶん　㋑ □つぶん　㋒ □つぶん

② いちばん　ながいのは　㋐〜㋒の　どれですか。　（　　）

2 みずが　おおく　はいる　じゅんに　㋐〜㋒の　きごうを　かきましょう。　〔20てん〕

（　　→　　→　　）

こたえは 68ページ

きほん 16

12　3つの　かずの　けいさん

／100てん

1 ねこが　2ひき　あそんで　いました。〔10てん〕

→

→ なんびきに なりましたか。

4ひき　きました。 また　2ひき　きました。

【しき】 2＋4＋□＝□　　こたえ□ひき

2 くっきいが　10こ　あります。りんさんは　5こ、いもうとは　3こ　たべました。くっきいは　なんこ　のこって　いますか。

〔10てん〕

【しき】 10−□−□＝□　　こたえ□こ

3 けいさんを　しましょう。1つ10〔80てん〕

❶ 2＋3＋4　　❷ 3＋7＋5

❸ 9−2−5　　❹ 8−3−4

❺ 6−5＋2　　❻ 7−2＋5

❼ 4＋1−3　　❽ 9＋1−2

こたえは 68ページ

きょうかしょ 54〜58ページ　　月　　日

12　3つの　かずの　けいさん

／100てん

1 けいさんを　しましょう。　1つ10〔80てん〕

❶ 3＋1＋4　　❷ 5＋5＋2

❸ 10−4−3　　❹ 12−2−6

❺ 10−8＋5　　❻ 15−2＋4

❼ 10＋9−3　　❽ 5＋1＋4＋3

2 こいんを　6まい　もって　います。おにいさんに　4まい、ともだちに　3まい　もらいました。なんまいに　なりましたか。　〔10てん〕

【しき】　　　＝　　　こたえ　　　まい

3 じゅうすが　8ほん　あります。5ほん　のんだ　あと、3ぼん　かって　きました。なんぼんに　なりましたか。　〔10てん〕

【しき】　　　＝　　　こたえ　　　ぽん

こたえは 68ページ

きほん 17

13　たしざん(2)①

／100てん

1 □に　はいる　かずを　かきましょう。　1つ10〔20てん〕

❶ 8＋5の　けいさん

8＋5
2　3

5を   と  に　わける。

8に □ を　たして　10

10と  で 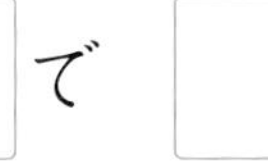

❷ 3＋9の　けいさん

3＋9
1　2

3を  と □ に　わける。

9に 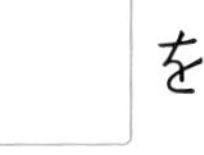 を　たして　10

10と  で 

2 たしざんを　しましょう。　1つ10〔80てん〕

❶ 9＋2　　❷ 9＋5

❸ 8＋4　　❹ 8＋6

❺ 7＋5　　❻ 6＋7

❼ 4＋9　　❽ 3＋8

こたえは 68ページ

13 たしざん(2) ①

／100てん

1 たしざんを しましょう。

1つ10〔80てん〕

❶ 9＋6　　❷ 9＋9

❸ 8＋7　　❹ 8＋9

❺ 7＋9　　❻ 6＋6

❼ 5＋8　　❽ 4＋8

2 おやの ひつじが 9ひき、こどもの ひつじが 4ひき います。あわせて なんびき いますか。

〔10てん〕

【しき】　　　　＝　　　　こたえ　　　　びき

3 あかい おりがみが 4まい、しろい おりがみが 7まい あります。おりがみは あわせて なんまい ありますか。

〔10てん〕

【しき】　　　　＝　　　　こたえ　　　　まい

こたえは 68ページ

13　たしざん⑵②

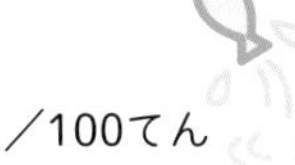

／100てん

1 たしざんの　しきと　こたえの　かあどを、せんで　むすびましょう。　1つ10〔40てん〕

❶ 3＋9　❷ 4＋7　❸ 9＋8　❹ 6＋8

ⓐ 17　ⓘ 14　ⓤ 12　ⓔ 11

2 こたえが　15に　なる　かあどに　ぜんぶ　◯（まる）を　つけましょう。　〔20てん〕

ⓐ 9＋5（　）　ⓘ 8＋7（　）　ⓤ 5＋8（　）　ⓔ 9＋6（　）

3 こたえが　おおきい　ほうの　かあどに　◯を　つけましょう。　1つ20〔40てん〕

❶ 8＋4（　）　7＋8（　）

❷ 5＋7（　）　8＋3（　）

こたえは 69ページ

きょうかしょ 66〜67ページ　月　日

13　たしざん(2) ②

／100てん

1 うえと　したで　こたえが　おなじに　なる　かあどを、せんで　むすびましょう。　1つ10〔40てん〕

❶ 7＋7　❷ 9＋3　❸ 6＋9　❹ 4＋9

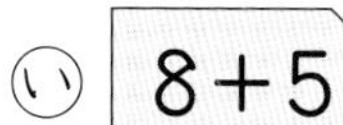

㋐ 7＋8　㋑ 8＋5　㋒ 5＋9　㋓ 6＋6

2 こたえが　つぎの　かずに　なる　かあどを　㋐〜㋘から　えらび、ぜんぶ　かきましょう。　1つ20〔60てん〕

❶ 11　(　　)　❷ 13　(　　)　❸ 16　(　　)

㋐ 4＋8　㋑ 9＋2　㋒ 7＋9
㋓ 9＋4　㋔ 8＋6　㋕ 6＋7
㋖ 7＋4　㋗ 8＋9　㋘ 8＋8

こたえは 69ページ

月　　日

10ぷん

14 かたちづくり

／100てん

1 したの　かたちは　Ⓐの　かたちが　なんまいで　つくれますか。

1つ20〔80てん〕

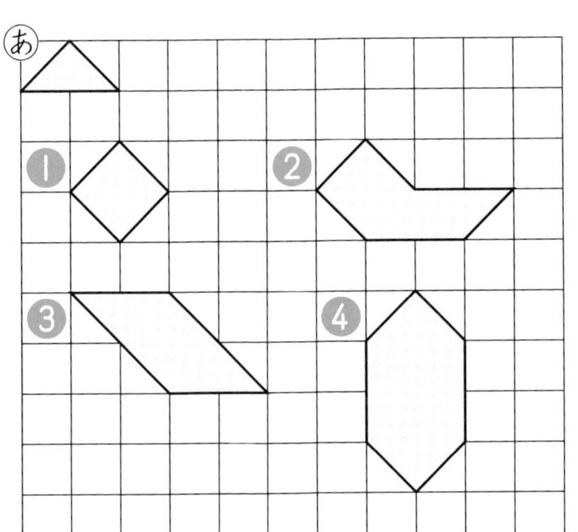

1 □まい

2 □まい

3 □まい

4 □まい

2 おなじ　かたちの　きごうを　かきましょう。

〔20てん〕

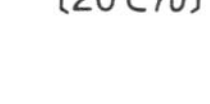

あ　い　う　え　お　か

（　　と　　）

こたえは 69ページ

きょうかしょ 70〜74ページ　月　日

14 かたちづくり

／100てん

1 ひだりの　かたちの　ぼうを　うごかして
みぎの　かたちに　しました。うごかした　ぼうを、
ひだりの　かたちから　えらんで　かこみましょう。

1つ25〔50てん〕

①

②

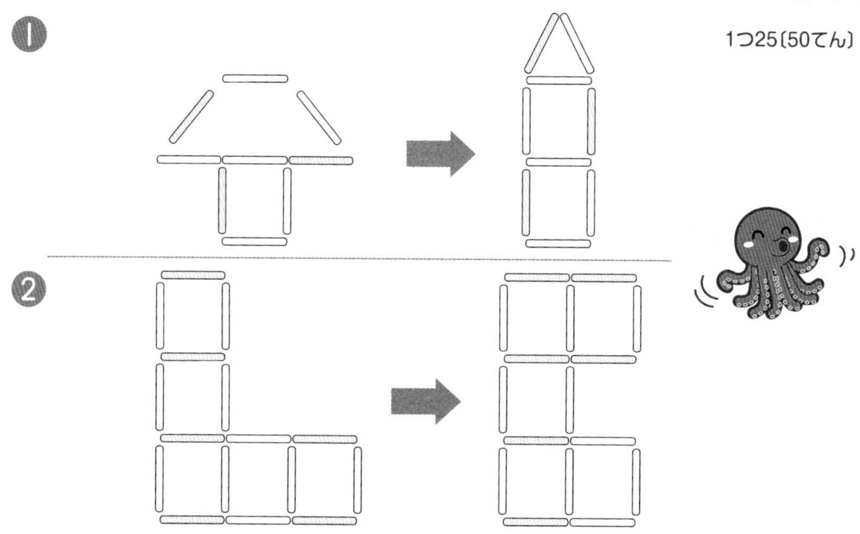

2 おなじ　かたちを　かきましょう。　1つ25〔50てん〕

①

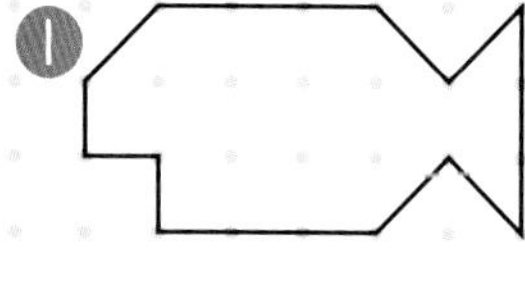

②

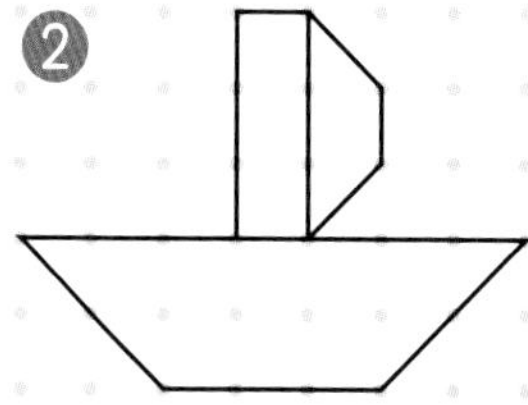

こたえは
69ページ

15　ひきざん (2) ①

／100てん

1 □に　はいる　かずを　かきましょう。　1つ10〔20てん〕

❶ 14－8の　けいさん

14－8
10　4

14を  と 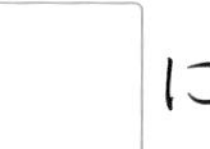 に　わける。

10から　8を　ひいて　2

2と □ で □

❷ 12－5の　けいさん

12－5
　2　3

5を  と  に　わける。

12から  を　ひいて　10

10から  を　ひいて 

2 ひきざんを　しましょう。　1つ10〔80てん〕

❶ 11－9　　❷ 14－9

❸ 12－8　　❹ 16－8

❺ 12－7　　❻ 15－6

❼ 13－5　　❽ 11－3

こたえは 69ページ

15　ひきざん(2)①

／100てん

1 ひきざんを　しましょう。　1つ10〔80てん〕

❶ 16－9　❷ 18－9

❸ 13－8　❹ 15－8

❺ 14－6　❻ 11－5

❼ 12－3　❽ 11－4

2 かいがらを　13こ　もって　います。いもうとに　7こ　あげると、のこりは　なんこですか。　〔10てん〕

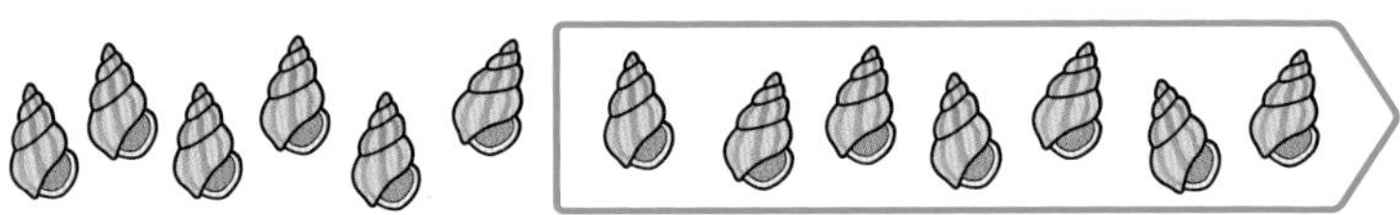

【しき】　　　　＝　　　こたえ　　こ

3 えんぴつが　14ほん　あります。ぺんが　5ほん　あります。どちらが　なんぼん　おおいですか。　〔10てん〕

【しき】　　　　＝

こたえ　　　が　　　ほん　おおい。

こたえは
69ページ

15 ひきざん⑵②

／100てん

1 ひきざんの　しきと　こたえの　かあどを、せんで　むすびましょう。 1つ10〔40てん〕

❶ 11−5　❷ 12−5　❸ 13−8　❹ 17−8

あ 7　い 9　う 6　え 5

2 こたえが　7に　なる　かあどに　ぜんぶ　○(まる)を　つけましょう。 〔20てん〕

あ 11−3（　）　い 16−9（　）　う 14−6（　）　え 15−8（　）

3 こたえが　おおきい　ほうの　かあどに　○を　つけましょう。 1つ20〔40てん〕

❶ 13−4（　）　13−6（　）

❷ 11−7（　）　12−7（　）

こたえは 70ページ

月　　日

15 ひきざん(2) ②

／100てん

1 うえと したで こたえが おなじに なる かあどを、せんで むすびましょう。 1つ10〔40てん〕

❶ 14－8　❷ 16－8　❸ 11－4　❹ 18－9

Ⓐ 15－7　Ⓘ 12－3　Ⓤ 12－6　Ⓔ 14－7

(あ 15－7　い 12－3　う 12－6　え 14－7)

2 こたえが つぎの かずに なる かあどを あ～けから えらび、ぜんぶ かきましょう。 1つ10〔30てん〕

❶ 6　(　　)　❷ 7　(　　)　❸ 9　(　　)

あ 13－7	い 17－9	う 14－5
え 12－5	お 11－3	か 15－9
き 16－9	く 12－4	け 16－7

3 □に はいる かずを かきましょう。 1つ15〔30てん〕

❶ □＋6＝13　❷ 12－□＝4

こたえは 70ページ

きょうかしょ 88〜89ページ　　月　　日

16　0の　たしざんと　ひきざん

／100てん

1 わなげを　2かいずつ　しました。
□に　かずを　かいて　こたえましょう。

□1つ10〔100てん〕

	1かいめ	2かいめ
 りょう		
 たいが		
 のりか		

① 1かいめと　2かいめを　たした　かず

りょう　□＋□＝2

たいが　□＋ 0 ＝□

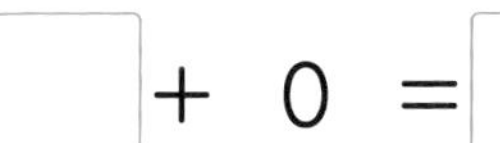

のりか　□＋ 2 ＝4

② 1かいめと　2かいめの　かずの　ちがい

りょう　□－ 0 ＝□

たいが　□－□＝3

のりか　2 － 2 ＝□

こたえは
70ページ

16　0の　たしざんと　ひきざん

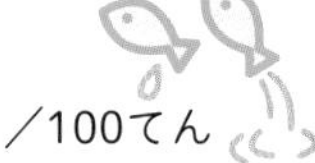

／100てん

1 うえと　したで　こたえが　おなじに　なる　かあどを、せんで　むすびましょう。　1つ10〔40てん〕

❶ 5+0　❷ 0+0　❸ 0+10　❹ 9−0

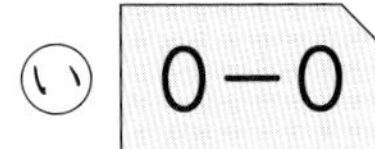
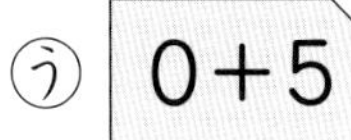

ⓐ 10−0　ⓘ 0−0　ⓤ 0+5　ⓔ 0+9

2 いけに　あひるが　8わ　います。いけから　8わ　でて　いきました。いけに　いる　あひるは　なんわに　なりましたか。　〔20てん〕

【しき】

こたえ　□　わ

3 けいさんを　しましょう。　1つ5〔40てん〕

❶ 1+0　❷ 6+0　❸ 0+8

❹ 0+7　❺ 3−3　❻ 4−0

❼ 1−1　❽ 6−6

こたえは 70ページ

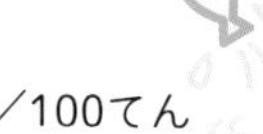

17　ものと　ひとの　かず

／100てん

1 やきゅうの　しあいの　けんが　12まい　あります。8にんの　こどもに　1まいずつ　あげると、なんまい　のこりますか。〔30てん〕

【しき】

こたえ□まい

2 ひとりずつ　じゅんに　らくだに　のります。あきさんの　まえに　6にん　います。あきさんは　まえから　なんばんめの　らくだに　のりますか。〔30てん〕

□ばんめ

3 6にんで　ながなわとびを　して　います。はるさんは　ひだりから　2ばんめで　とんで　います。はるさんの　みぎには　なんにん　いますか。〔40てん〕

（ひだり）　（みぎ）

【しき】

こたえ□にん

こたえは 70ページ

月　　日

17　ものと　ひとの　かず

／100てん

1 いちりんしゃが　15だい　あります。7にんの　こどもが　1だいずつ　のりました。いちりんしゃは、なんだい　のこって　いますか。〔30てん〕

【しき】

こたえ □ だい

2 まらそんを　しました。けいすけさんは　10ばんめに　ごうるしました。けいすけさんより　はやく　ごうるした　ひとは　なんにん　いますか。〔30てん〕

□ にん

3 みさきさんは　まえから　5ばんめに　ならんで　います。みさきさんの　うしろには　7にん　います。みんなで　なんにん　ならんで　いますか。

【しき】〔40てん〕

こたえ □ にん

こたえは
70ページ

18 大きい（おお） かず ①

／100てん

1 □に はいる かずを かきましょう。 1つ20〔40てん〕

❶ 10が □ つと

1が 3つで □

❷ 75は □ が 7つと

1が □ つ

2 なん円（えん） ありますか。 1つ20〔40てん〕

❶ 10円玉（だま）が □ つ　1円玉が □ つ　こたえ □ 円

❷ 10円玉が □ つ　1円玉が □ つ　こたえ □ 円

3 いくつ ありますか。 1つ10〔20てん〕

❶ □ こ

❷ □ こ

こたえは 70ページ

きょうかしょ 98〜101ページ

月　日

10ぷん

18 大(おお)きい かず ①

／100てん

1 いくつ ありますか。 1つ10〔20てん〕

①

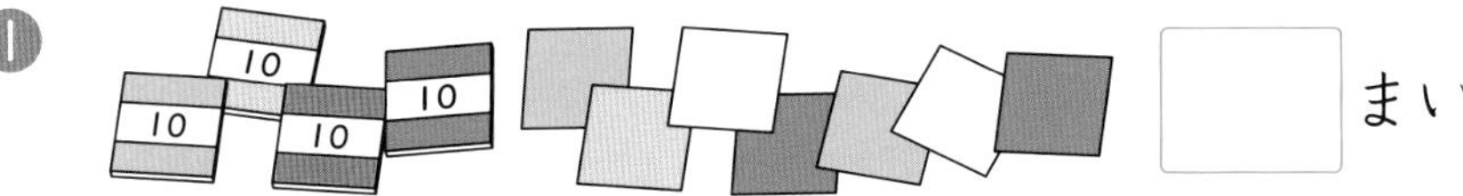

□まい

② □こ

2 □に はいる かずを かきましょう。 1つ20〔60てん〕

① 70は 10が □つ

② 45は 10が □つと 1が □つ

③ 82の 十(じゅう)のくらいの すうじは □で、

一(いち)のくらいの すうじは □

3 つぎの かずを かきましょう。 1つ10〔20てん〕

① 十のくらいが 7、
一のくらいが 9の かず □

② 十のくらいが 9、
一のくらいが 0の かず □

こたえは
70ページ

18 大(おお)きい かず ②

／100てん

1 □に はいる かずを かきましょう。 □1つ10〔50てん〕

❶ (10円玉 10こ)

10円玉(えんだま)が 10こで □ 円

(十(じゅう)円玉が 十(じっ)こで □ 円) ←かん字(じ)で かこう。

❷ (100のたば 1つと 18まい)

100まいの たば □ つと □ まい

ぜんぶで □ まい

2 ㋐、㋑で どちらが 大きいですか。 1つ10〔20てん〕

❶ ㋐30 ㋑37 (　　)　❷ ㋐63 ㋑56 (　　)

3 かずの せんを 見(み)て、つぎの かずを かきましょう。 1つ15〔30てん〕

50　60　70　80　90　100

❶ 72より 4 大きい かず □

❷ 85より 3 小(ちい)さい かず □

こたえは 71ページ

18 大きい かず ②

／100てん

1 ぜんぶで なん円ですか。〔20てん〕

100　10　10　1

□円

2 かずの せんを 見て、つぎの かずを かきましょう。 1つ10〔40てん〕

70　80　90　100　110　120

❶ 74より 5 大きい かず □

❷ 89より 8 小さい かず □

❸ 98より 2 大きい かず □

❹ 120より 1 小さい かず □

3 □に はいる かずを かきましょう。 1つ10〔40てん〕

❶ 100 — 99 — □ — 97 — □

❷ 65 — □ — 75 — 80 — □

❸ 100 — 101 — □ — □

❹ 112 — 114 — □ — 118 — □

こたえは 71ページ

きょうかしょ 112〜114ページ　　月　　日

19 なんじなんぷん

／100てん

1 とけいを　よみましょう。　1つ20〔60てん〕

❶

(　　　　　　)

❷

(　　　　　　)

❸

(　　　　　　)

2 ながい　はりを　かきましょう。　1つ20〔40てん〕

❶ 9じ15ふん

❷ 11じ40ぷん

こたえは
71ページ

19 なんじなんぷん

／100てん

1 とけいを　よみましょう。　1つ20〔40てん〕

① 

②　

（　　　　）　（　　　　）

2 ながい　はりを　かきましょう。　1つ15〔30てん〕

① 3じ41ぷん　② 7じ53ぷん

3 せんで　むすびましょう。　1つ10〔30てん〕

① 

② 

③ 

・　・　・

・　・　・

㋐ 2じ5ふん　㋑ 1じ10ぷん　㋒ 11:18

こたえは71ページ

きょうかしょ 115ページ

月　日

20 おなじ　かずずつ

／100てん

1 いちごが　10こ　あります。5人（にん）で　おなじ　かずずつ　わけます。 1つ35〔70てん〕

❶ 1人（ひとり）に　なんこずつ　わけられますか。

↑さらに　○（まる）を　かいて　かんがえよう。

□こずつ

❷ ❶の　こたえを　しきに　かいて　たしかめます。□に　かずを　かきましょう。

□＋□＋□＋□＋□＝10

2 たけのこが　12本（ほん）　とれました。1人に　4本ずつ　あげると、なん人に　あげられますか。 〔30てん〕

↑4本ずつ　かこんでみよう。

□人

こたえは 71ページ

きょうかしょ115ページ

月　日

20　おなじ　かずずつ

／100てん

1 たこやき　15こを　おなじ　かずずつ　わけます。

1つ25〔50てん〕

① 3人(にん)で　わけると　1人(ひとり)に　なんこずつですか。

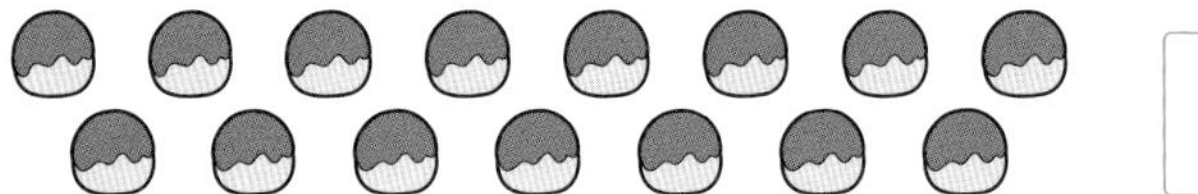

② 5人で　わけると　1人に　なんこずつですか。

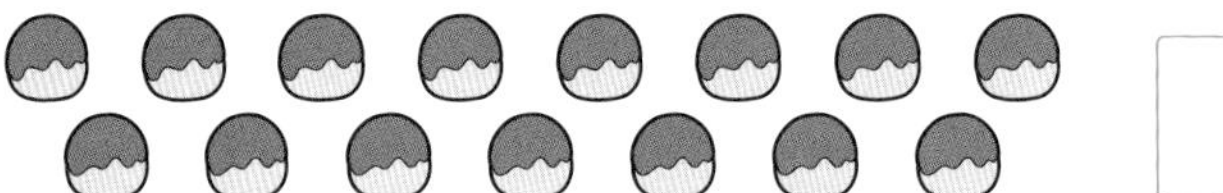

2 あめ　8こを　おなじ　かずずつ　わけます。

1つ25〔50てん〕

① 1人に　2こずつ　あげると、なん人に　あげられますか。

② 1人に　4こずつ　あげると、なん人に　あげられますか。

こたえは
71ページ

きほん 28

月　日

10ぷん

21　100までの　かずの　けいさん

／100てん

1 いくら　ありますか。　1つ5〔10てん〕

❶ 50＋30

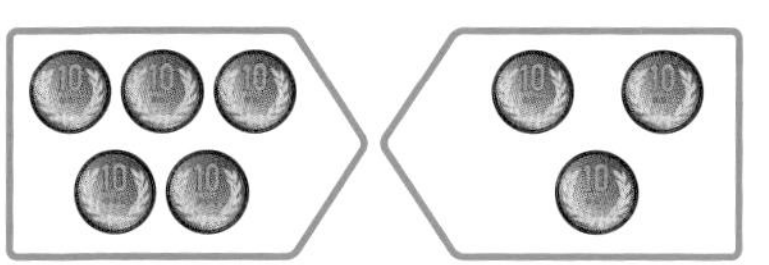

えん
円

❷ 70－40

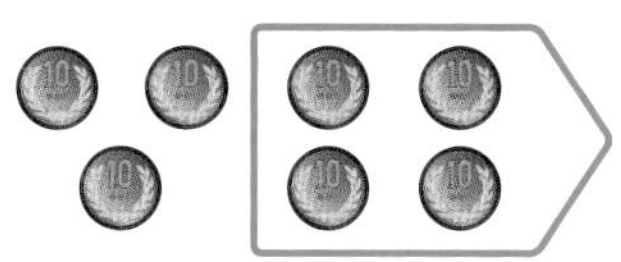

円

2 □に　はいる　かずを　かきましょう。　1つ5〔10てん〕

❶ 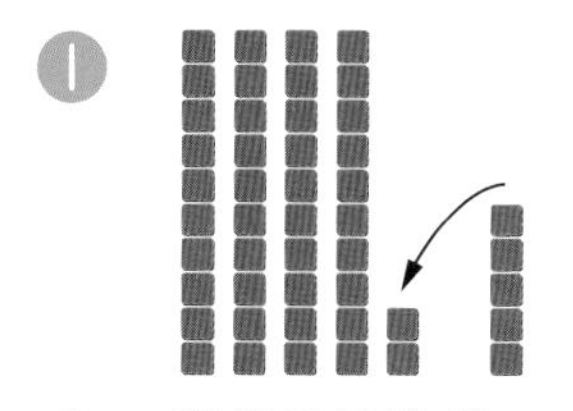
42に　5を　たした　かず

❷ 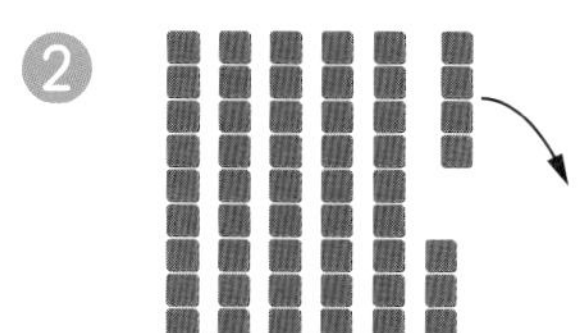
58から　4を　ひいた　かず

3 けいさんを　しましょう。　1つ10〔80てん〕

❶ 10＋50　　❷ 40＋60

❸ 20＋9　　❹ 92＋6

❺ 50－20　　❻ 100－10

❼ 24－4　　❽ 67－5

こたえは 71ページ

21　100までの　かずの　けいさん

／100てん

1 けいさんを　しましょう。　1つ8〔80てん〕

❶ 60＋20　　❷ 30＋4

❸ 93＋5　　❹ 72＋4

❺ 56＋10　　❻ 80−30

❼ 96−6　　❽ 79−5

❾ 23−2　　❿ 62−10

2 赤(あか)い　花(はな)が　21本(ぽん)と　白(しろ)い　花が　8本(ほん)
あります。あわせて　なん本(ぼん)ですか。　〔10てん〕

【しき】

こたえ □ 本

3 おりがみが　48まい　あります。6まい
つかうと、なんまい　のこりますか。　〔10てん〕

【しき】

こたえ □ まい

こたえは
71ページ

22　おおい　ほう　すくない　ほう

／100てん

1 だいこんが　4本(ほん)　あります。にんじんは　だいこんより　2本　おおいそうです。
にんじんは　なん本(ぼん)　ありますか。　〔30てん〕

【しき】　　こたえ □ 本(ぽん)

2 かぶと虫(むし)が　8ひき　います。くわがた虫は　かぶと虫より　3びき　すくないそうです。
くわがた虫は　なんびき　いますか。　〔30てん〕

【しき】　　こたえ □ ひき

3 玉入(たまい)れを　しました。赤(あか)ぐみは　9こ　入(はい)りました。白(しろ)ぐみは　赤ぐみより　2こ　すくなかったそうです。
白ぐみは　なんこ　入りましたか。　〔40てん〕

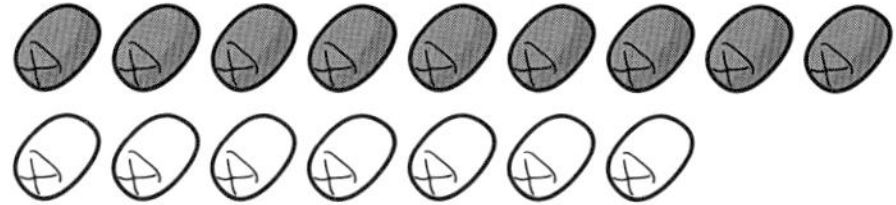

【しき】　　こたえ □ こ

こたえは　72ページ

かくにん 29

きょうかしょ 124〜125ページ　月　日　10ぷん

22 おおい ほう すくない ほう

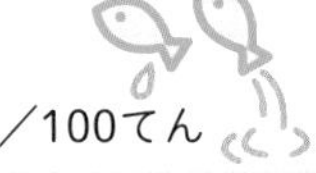

／100てん

1 ひつじが 7ひき います。うさぎは ひつじより 6ぴき おおいそうです。うさぎは なんびき いますか。〔25てん〕

【しき】

こたえ □ びき

2 すずめが 15わ います。つばめは すずめより 6わ すくないそうです。つばめは なんわ いますか。〔25てん〕

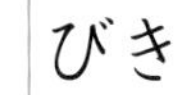

【しき】

こたえ □ わ

3 たまねぎが 5こ あります。トマトは たまねぎより 7こ おおいそうです。トマトは なんこ ありますか。〔25てん〕

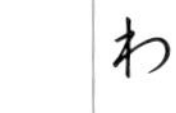

【しき】

こたえ □ こ

4 まいさんは ゲームで 10てん とりました。りささんは まいさんより 3てん すくなくて まけました。りささんは なんてん とりましたか。〔25てん〕

【しき】

こたえ □ てん

こたえは 72ページ

23 大(おお)きさくらべ(2)

／100てん

1 つくえより　ひろい　ものに　ぜんぶ　◯(まる)を　つけましょう。〔40てん〕

❶ がようし　❷ しんぶんし　❸ ほうそうし

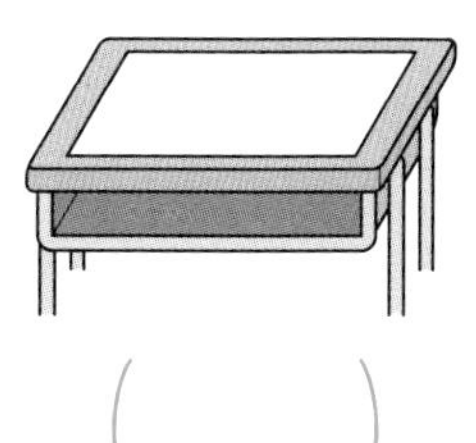

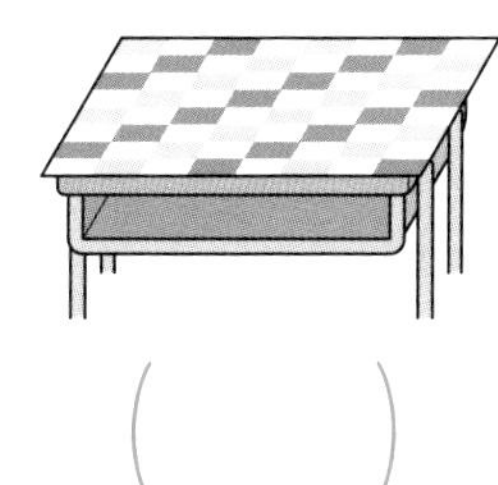

(　　　)　(　　　)　(　　　)

2 ㋐と　㋑では　どちらが　ひろいですか。1つ20〔60てん〕

❶

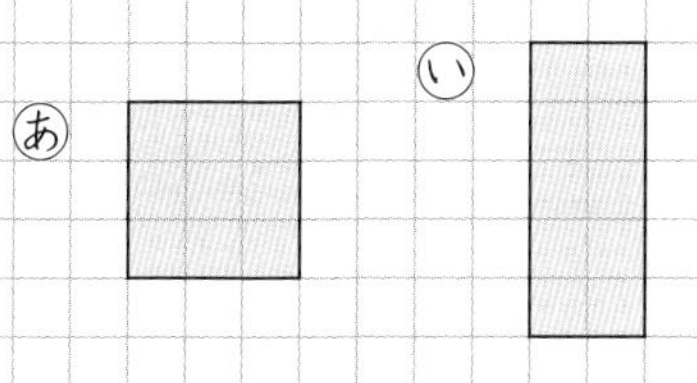

(　　　)

❷

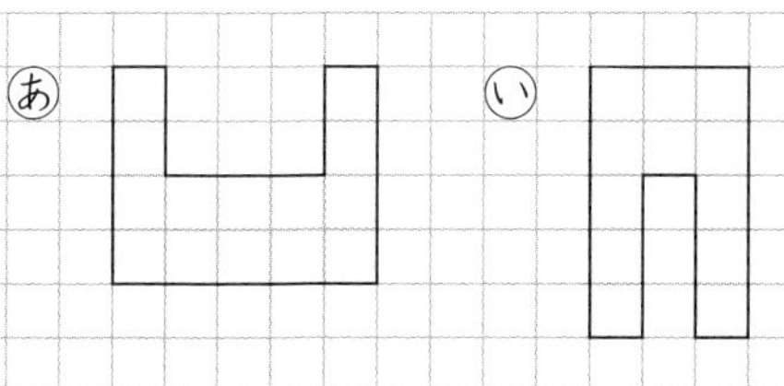

(　　　)

❸

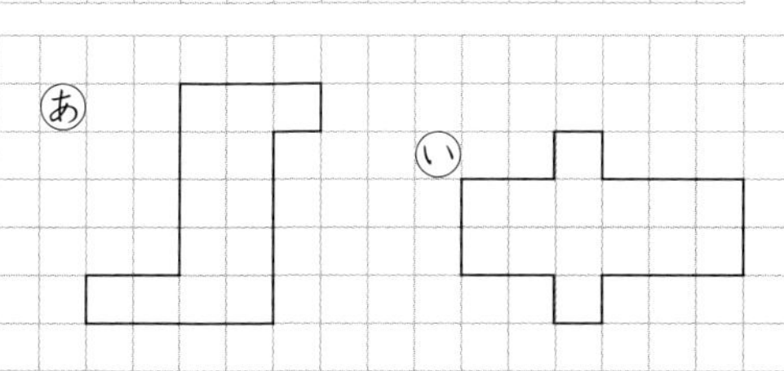

(　　　)

こたえは
72ページ

月　　日

23 大(おお)きさくらべ(2)

／100てん

1 ひろい じゅんに ㋐〜㋓の きごうを かきましょう。 〔25てん〕

㋐ 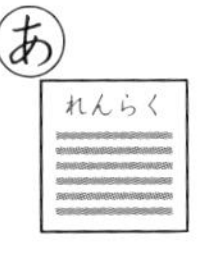

㋑ 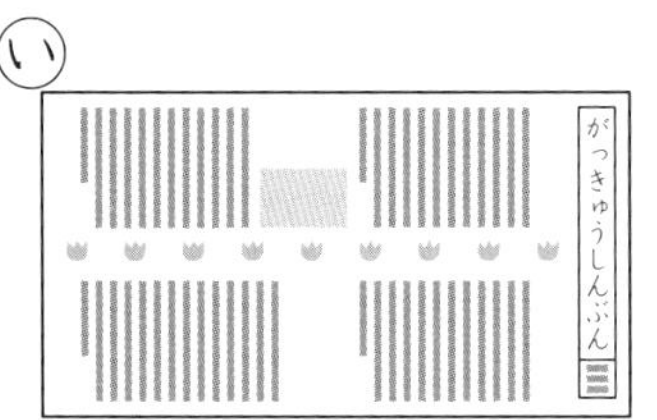

㋒ 

㋓ 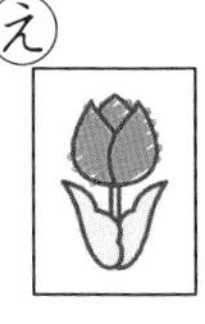

はしを きちんと あわせると…。

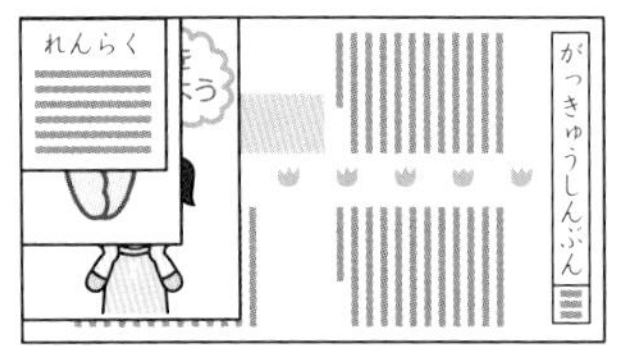

（　　→　　→　　→　　）

2 ばしょとりゲームを しました。 1つ25〔75てん〕

① しょうたさんの □は なんこですか。 □こ

② ゆうかさんの ■は なんこですか。 □こ

③ ひろい ほうが かちです。 どちらが かちましたか。 （　　）

こたえは 72ページ

月　日

力（ちから）だめし ①

／100てん

1 けいさんを　しましょう。　1つ10〔60てん〕

❶ 9＋6　　❷ 7＋8

❸ 13－7　　❹ 16－8

❺ 10－1－7　　❻ 9－3＋2

2 大（おお）きい　ほうに　◯（まる）を　つけましょう。　1つ10〔20てん〕

❶ 87　69
（　）（　）

❷ 39　40
（　）（　）

3 □に　はいる　かずを　かきましょう。　1つ5〔15てん〕

85　90　❶□　100　❷□　110　❸□

4 ながい　じゅんに　ⓐ～ⓤの　きごうを　かきましょう。　〔5てん〕

ⓐ

ⓘ

ⓤ

（　→　→　）

こたえは
72ページ

月　日

力(ちから)だめし ②

／100てん

1 けいさんを　しましょう。　1つ10〔60てん〕

❶ 80＋10　　❷ 100－30

❸ 70＋6　　❹ 67－7

❺ 54＋3　　❻ 39－4

2 つぎの　かずを　かきましょう。　1つ5〔10てん〕

❶ 60より　7　大(おお)きい　かず　□

❷ 100より　2　小(ちい)さい　かず　□

3 とけいを　よみましょう。　1つ10〔20てん〕

❶ （　　　）

❷ （　　　）

4 ひろとさんは　まえから　7ばんめに　ならんでいて、ひろとさんの　うしろには　9人(にん)　います。みんなで　なん人　ならんで　いますか。〔10てん〕

【しき】

こたえ □ 人

こたえは
72ページ

1　3・4ページ

1 ① 1　② 3
③ 7　④ 9
⑤ 10

2 ① 2　② 4　③ 8
④ 6　⑤ 5

★ ★ ★

1 ① （○）（　）
② （　）（○）
③ （　）（○）
④ （○）（　）
⑤ （○）（　）
⑥ （　）（○）

2 ① 1—2—3—4—5
② 10—9—8—7—6

2　5・6ページ

1 ①
②

2 ① 2　② 3　③ 2

★ ★ ★

1 ①
②

2 ① 2　② 4、ひだり

3　7・8ページ

1 ① 1 と 5　② 2 と 4
③ 3 と 3　④ 5 と 1

2 ①—い　②—え　③—あ　④—う

★ ★ ★

1 ① 2　② 1　③ 5

2 ① 2 と 3、1 と 4
② 8 と 1、4 と 5
③ 4 と 4、7 と 1

3 ① 2　② 1　③ 0

4　9・10ページ

1 ① う　② あ　③ い
④ う　⑤ あ　⑥ あ

2 い

★ ★ ★

1 ①、③、④に ○

2 ① い　② あ
③ う　④ い

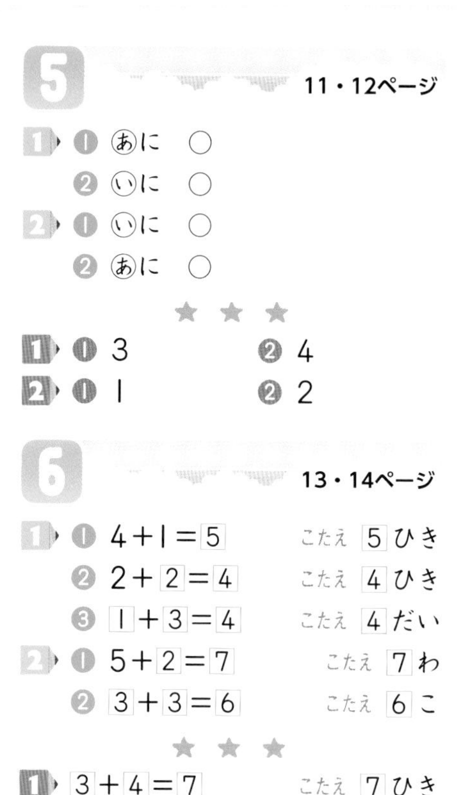

5 11・12ページ

1 ① あに ○
② いに ○

2 ① いに ○
② あに ○

★★★

1 ① 3 ② 4

2 ① 1 ② 2

6 13・14ページ

1 ① 4+1=5 こたえ 5ひき
② 2+2=4 こたえ 4ひき
③ 1+3=4 こたえ 4だい

2 ① 5+2=7 こたえ 7わ
② 3+3=6 こたえ 6こ

★★★

1 3+4=7 こたえ 7ひき

2 8+2=10 こたえ 10だい

3 ① 6 ② 9 ③ 8
④ 5 ⑤ 2 ⑥ 9
⑦ 6 ⑧ 10

7 15・16ページ

1 ① 5+2=7 こたえ 7こ
② 2+4=6 こたえ 6こ
③ 4+1=5 こたえ 5こ

2 ① ② ③ ④
あ い う え

★★★

1 4+4=8 こたえ 8わ

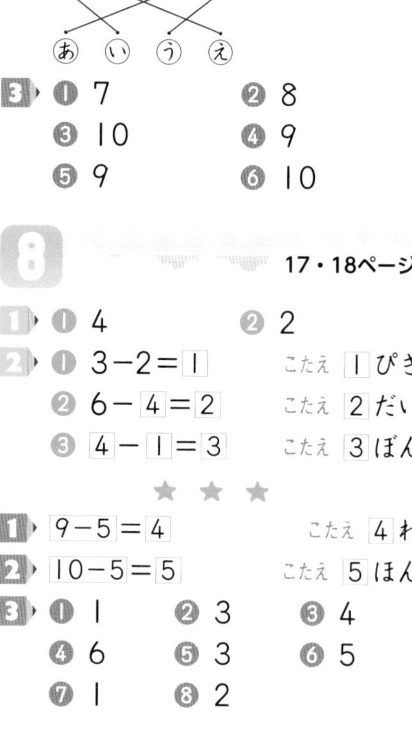

2 ① ② ③ ④
あ い う え

3 ① 7 ② 8
③ 10 ④ 9
⑤ 9 ⑥ 10

8 17・18ページ

1 ① 4 ② 2

2 ① 3−2=1 こたえ 1ぴき
② 6−4=2 こたえ 2だい
③ 4−1=3 こたえ 3ぼん

★★★

1 9−5=4 こたえ 4わ

2 10−5=5 こたえ 5ほん

3 ① 1 ② 3 ③ 4
④ 6 ⑤ 3 ⑥ 5
⑦ 1 ⑧ 2

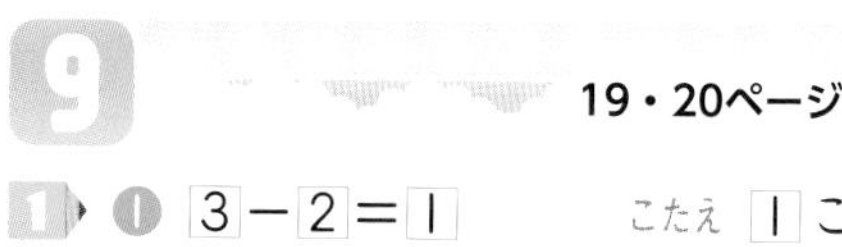

9 19・20ページ

1 ① 3−2=1 こたえ 1こ
② 4−3=1 こたえ 1だい
③ 5−3=2 こたえ 2ひき

2 8−5=3 こたえ 3こ

3 6−4=2 こたえ 2こ

★★★

1 7−3=4 こたえ 4ほん

2 8−3=5 こたえ 5ひき

3 10−6=4

こたえ 2ねんせいが
4にん おおい。

4 ① あ、え ② い、う

10

21・22ページ

1
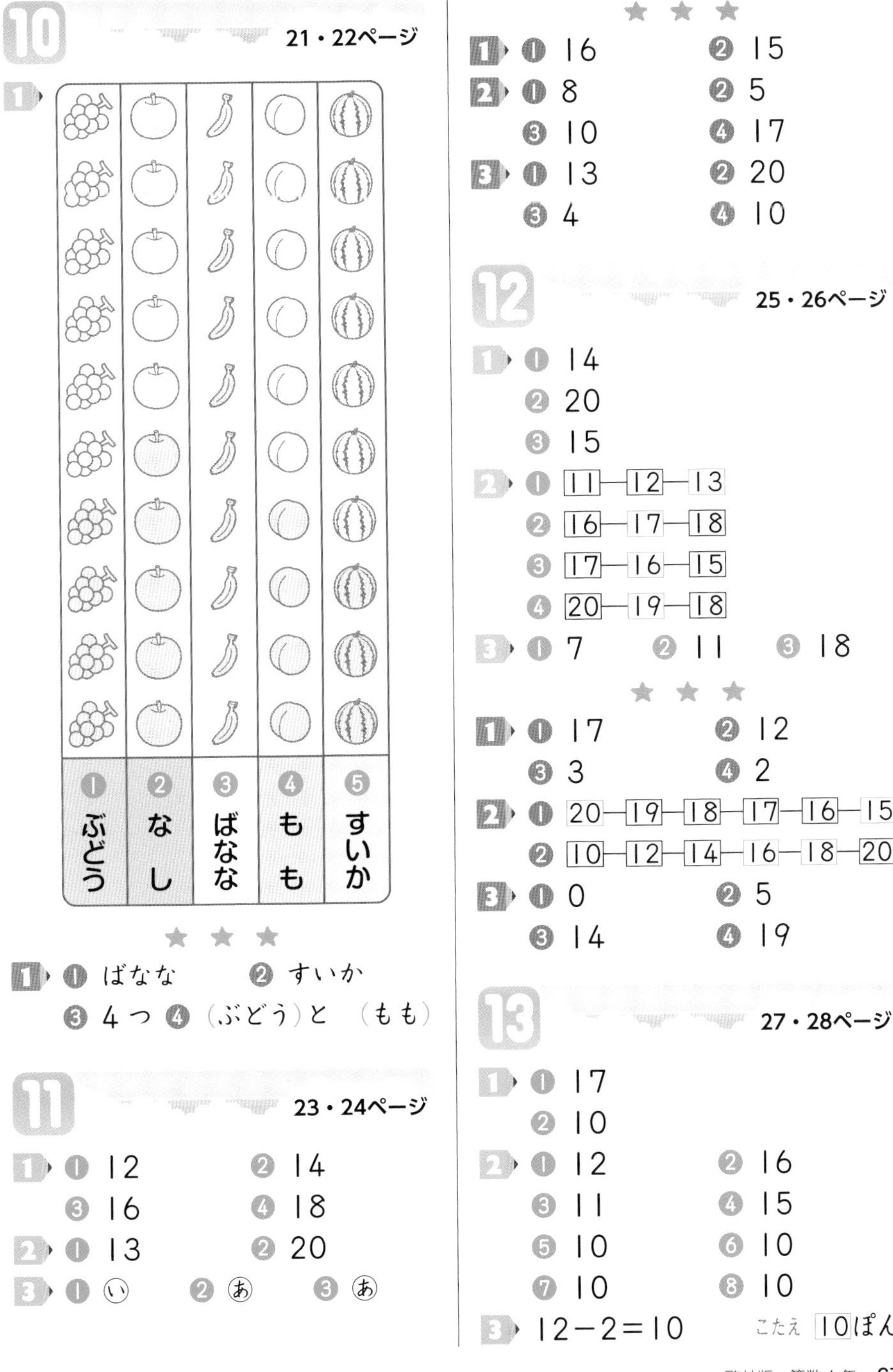

❶	❷	❸	❹	❺
ぶどう	なし	ばなな	もも	すいか

★ ★ ★

1 ❶ ばなな　❷ すいか
❸ 4つ　❹ （ぶどう）と　（もも）

11

23・24ページ

1 ❶ 12　❷ 14
❸ 16　❹ 18

2 ❶ 13　❷ 20

3 ❶ ⓘ　❷ ⓐ　❸ ⓐ

★ ★ ★

1 ❶ 16　❷ 15

2 ❶ 8　❷ 5
❸ 10　❹ 17

3 ❶ 13　❷ 20
❸ 4　❹ 10

12

25・26ページ

1 ❶ 14
❷ 20
❸ 15

2 ❶ [11]—[12]—13
❷ [16]—17—[18]
❸ [17]—16—[15]
❹ [20]—19—[18]

3 ❶ 7　❷ 11　❸ 18

★ ★ ★

1 ❶ 17　❷ 12
❸ 3　❹ 2

2 ❶ 20—[19]—[18]—[17]—[16]—15
❷ [10]—[12]—[14]—16—18—[20]

3 ❶ 0　❷ 5
❸ 14　❹ 19

13

27・28ページ

1 ❶ 17
❷ 10

2 ❶ 12　❷ 16
❸ 11　❹ 15
❺ 10　❻ 10
❼ 10　❽ 10

3 12−2=10　こたえ [10]ぽん

★ ★ ★

1 ❶ 19
❷ 14

2 ❶ 17 ❷ 19
❸ 15 ❹ 19
❺ 12 ❻ 15
❼ 15 ❽ 14

3 ❶—う ❷—え ❸—い ❹—あ

14 29・30ページ

1 ❶ 6じはん ❷ 10じ ❸ 7じ

2 ❶ あ ❷ い ❸ い

★ ★ ★

1 ❶ 11じ ❷ 7じはん
❸ 5じ ❹ 8じはん

2 ❶ ❷ ❸ ❹

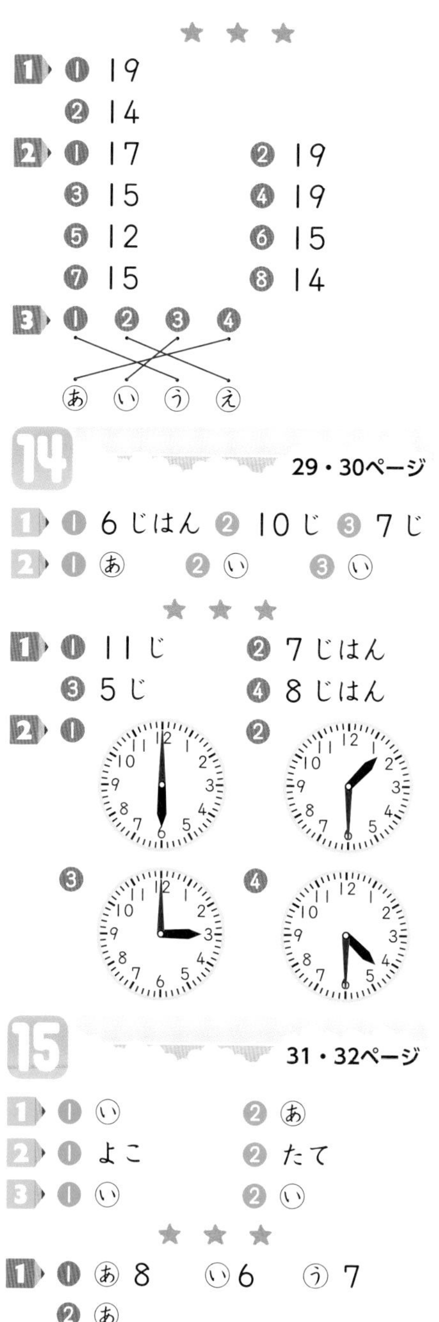

15 31・32ページ

1 ❶ い ❷ あ

2 ❶ よこ ❷ たて

3 ❶ い ❷ い

★ ★ ★

1 ❶ あ 8 い 6 う 7
❷ あ

2 う→い→あ

16 33・34ページ

1 2+4+[2]=[8] こたえ [8]ひき

2 10−[5]−[3]=[2] こたえ [2]こ

3 ❶ 9 ❷ 15 ❸ 2
❹ 1 ❺ 3 ❻ 10
❼ 2 ❽ 8

★ ★ ★

1 ❶ 8 ❷ 12 ❸ 3
❹ 4 ❺ 7 ❻ 17
❼ 16 ❽ 13

2 [6+4+3=13] こたえ [13]まい

3 [8−5+3=6] こたえ [6]ぽん

17 35・36ページ

1 ❶ 5を [2]と [3]に わける。
8に [2]を たして 10
10と [3]で [13]
❷ 3を [1]と [2]に わける。
9に [1]を たして 10
10と [2]で [12]

2 ❶ 11 ❷ 14
❸ 12 ❹ 14
❺ 12 ❻ 13
❼ 13 ❽ 11

★ ★ ★

1 ❶ 15 ❷ 18
❸ 15 ❹ 17
❺ 16 ❻ 12
❼ 13 ❽ 12

2 [9+4=13] こたえ [13]びき

3 [4+7=11] こたえ [11]まい

18 37・38ページ

1 ❶ ❷ ❸ ❹ ／ ㋐ ㋑ ㋒ ㋓

2 ㋑、㋓に ○

3 ❶ ( )(○)

❷ (○)( )

★ ★ ★

1 ❶ ❷ ❸ ❹ ／ ㋐ ㋑ ㋒ ㋓

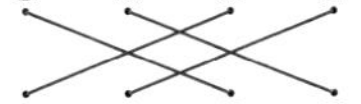

2 ❶ ㋑、㋖　❷ ㋓、㋕

❸ ㋒、㋘

19 39・40ページ

1 ❶ 2　❷ 4

❸ 4　❹ 6

2 ㋐(と)㋔

★ ★ ★

1 ❶

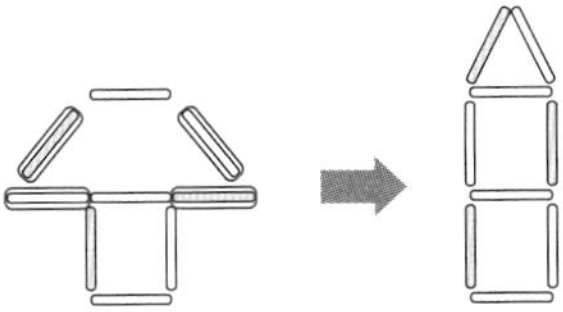

❷

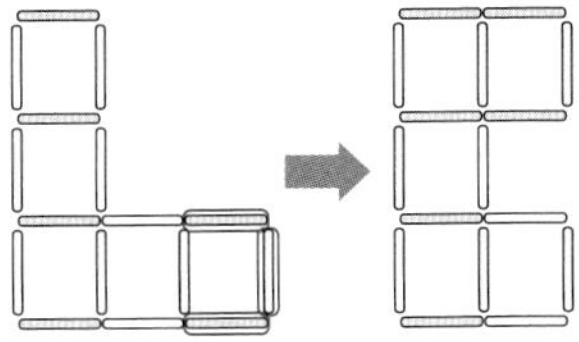

2 ❶

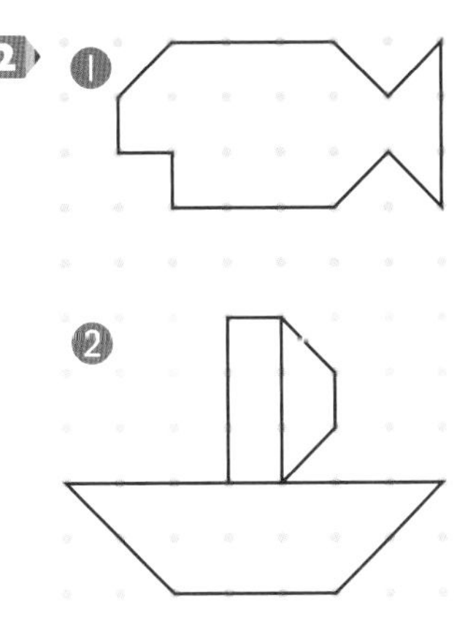

❷

20 41・42ページ

1 ❶ 14を 10と 4に わける。

10から 8を ひいて 2

2と 4で 6

❷ 5を 2と 3に わける。

12から 2を ひいて 10

10から 3を ひいて 7

2 ❶ 2　❷ 5

❸ 4　❹ 8

❺ 5　❻ 9

❼ 8　❽ 8

★ ★ ★

1 ❶ 7　❷ 9

❸ 5　❹ 7

❺ 8　❻ 6

❼ 9　❽ 7

2 13−7＝6　こたえ 6こ

3 14−5＝9

こたえ

えんぴつが 9ほん おおい。

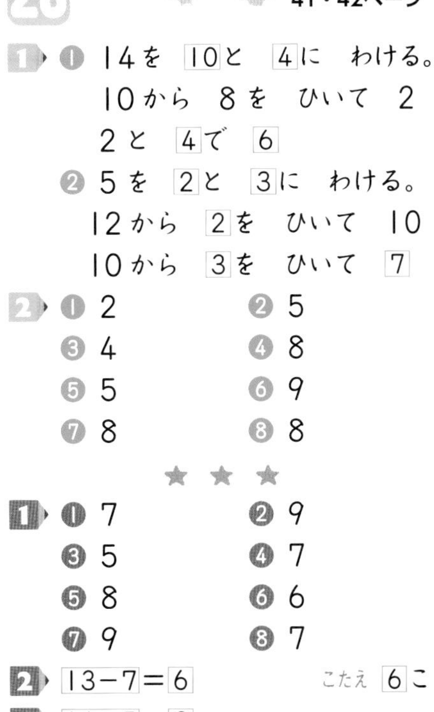

21　43・44ページ

1 ❶ ❷ ❸ ❹

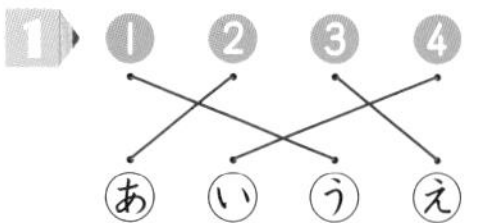

Ⓐあ Ⓘい Ⓤう Ⓔえ

2 ㋑い、㋓えに　○

3 ❶ (○)(　)

❷ (　)(○)

★ ★ ★

1 ❶ ❷ ❸ ❹

あ い う え

2 ❶ あ、か　　❷ え、き

❸ う、け

3 ❶ 7　　❷ 8

22　45・46ページ

1 ❶ りょう　[0]+[2]=2

たいが　[3]+0=[3]

のりか　[2]+2=4

❷ りょう　[2]−0=[2]

たいが　[3]−[0]=3

のりか　2−2=[0]

★ ★ ★

1 ❶ ❷ ❸ ❹

あ い う え

2 8−8=0　　こたえ [0]わ

3 ❶ 1　　❷ 6

❸ 8　　❹ 7

❺ 0　　❻ 4

❼ 0　　❽ 0

23　47・48ページ

1 12−8=4　　こたえ [4]まい

2 [7]ばんめ

3 6−2=4　　こたえ [4]にん

てびき 2

あきさん

まえ ●●●●●●● うしろ

6にん

□ばんめ

3

2ばんめ

はるさん

ひだり ●●●●●● みぎ

ふたり　□にん

6にん

★ ★ ★

1 15−7=8　　こたえ [8]だい

2 [9]にん

3 5+7=12　　こたえ [12]にん

てびき 2　10ばんめ

けいすけさん

まえ ●●●●●●●●●● うしろ

□にん

3

5ばんめ

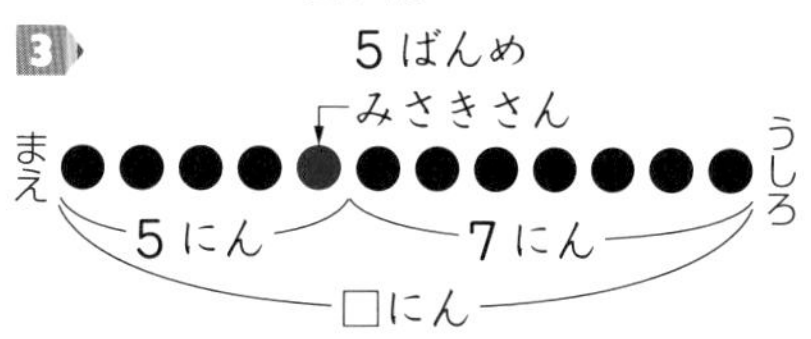

24　49・50ページ

1 ❶ 5、53　　❷ 10、5

2 ❶ 3、7　　こたえ [37]円

❷ 4、2　　こたえ [42]円

3 ❶ 27　　❷ 34

★ ★ ★

1 ❶ 47　　❷ 65

2 ❶ 7　❷ 4、5　❸ 8、2
3 ❶ 79　❷ 90

25　51・52ページ

1 ❶ 100、百
❷ 1、17、117
2 ❶ ㋑　❷ ㋐
3 ❶ 76　❷ 82

★ ★ ★

1 121
2 ❶ 79　❷ 81
❸ 100　❹ 119
3 ❶ 100―99―98―97―96
❷ 65―70―75―80―85
❸ 100―101―102―103
❹ 112―114―116―118―120

26　53・54ページ

1 ❶ 7じ20ぷん
❷ 7じ55ふん
❸ 10じ25ふん
2 ❶ ❷

★ ★ ★

1 ❶ 1じ36ぷん
❷ 4じ59ふん
2 ❶ ❷

3 ❶ ❷ ❸
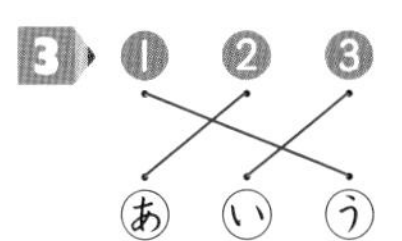

てびき **1** ❷ 短針が5に近いので「5時59分」とよむ間違いが多い問題です。5時59分であれば短針は6に近くなるので、5時ではなく4時であることを確かめましょう。

27　55・56ページ

1 ❶ 2
❷ 2＋2＋2＋2＋2＝10
2 3

★ ★ ★

1 ❶ 5　❷ 3
2 ❶ 4　❷ 2

てびき **1** は10÷5、**2** は12÷4、**1** は15÷3と15÷5、**2** は8÷2と8÷4のように、この先に学習するわり算の基本をここで扱っています。

28　57・58ページ

1 ❶ 80　❷ 30
2 ❶ 47　❷ 54
3 ❶ 60　❷ 100
❸ 29　❹ 98
❺ 30　❻ 90
❼ 20　❽ 62

★ ★ ★

1 ❶ 80　❷ 34
❸ 98　❹ 76

❺ 66　　❻ 50
❼ 90　　❽ 74
❾ 21　　❿ 52

2 21＋8＝29

こたえ 29本

3 48－6＝42

こたえ 42まい

29　59・60ページ

1 4＋2＝6

こたえ 6本

2 8－3＝5

こたえ 5ひき

3 9－2＝7

こたえ 7こ

★ ★ ★

1 7＋6＝13

こたえ 13びき

2 15－6＝9

こたえ 9わ

3 5＋7＝12

こたえ 12こ

4 10－3＝7

こたえ 7てん

てびき　2つのものの数を比べて、「多い方」「少ない方」を求める問題です。はじめは、図をかいて考えると理解しやすいでしょう。

30　61・62ページ

1 ❷、❸に ○

2 ❶ ㋑　❷ ㋐　❸ ㋑

★ ★ ★

1 ㋑→㋒→㋓→㋐

2 ❶ 9　❷ 11　❸ ゆうか

31　63ページ

1 ❶ 15　❷ 15
❸ 6　❹ 8
❺ 2　❻ 8

2 ❶ 87に ○
❷ 40に ○

3 ❶ 95　❷ 105　❸ 115

4 ㋑→㋐→㋒

てびき **1** ❶～❹くり上がりのあるたし算とくり下がりのあるひき算は、1年生の計算でつまずきやすいポイントです。たす数やひかれる数などを分解して考える方法を、確認しておきましょう。

32　64ページ

1 ❶ 90　❷ 70
❸ 76　❹ 60
❺ 57　❻ 35

2 ❶ 67　❷ 98

3 ❶ 11じ23ぷん
❷ 5じ44ぷん

4 7＋9＝16

こたえ 16人

てびき **4**

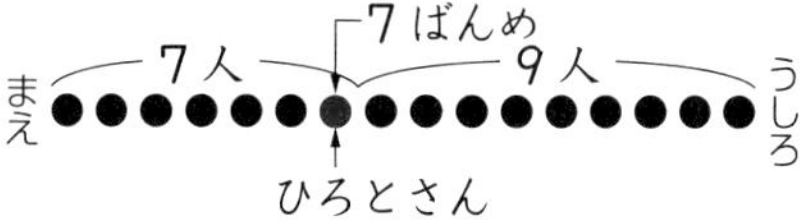

3 2 1 0 9 8 7 6 5 4
＊ ＊ D C B A